ESTHER SCHMIDT

mein
Kaninchen

INHALT

Willkommen Mümmelmann!

Das ist gesund und schmeckt

5 Gut gepflegt und rundum gesund

6 Erziehung, Spiel und Sport

Familienplanung und Aufzucht

Schnelle Hilfe bei Problemen

Anhang

Mit Poster: So geht's uns rundum gut!

Das ist typisch Kaninchen

Werfen Sie einen Blick in die erstaunliche und aufregende Welt der Wildkaninchen: Er verrät zugleich auch eine Menge über die Lebensweise und Bedürfnisse ihrer zahmen Verwandten.

1

Die faszinierende Welt der Kaninchen

Woher stammen die gutmütigen Langohren überhaupt? Wie leben sie in freier Natur? Warum sind sie bei Groß und Klein so beliebt und was müssen wir wissen, um ihnen auch in unserem Heim ein angenehmes Leben bieten zu können?

DIE STAMMFORM aller bei uns bekannten Hauskaninchen ist das Europäische Wildkaninchen. Kurioserweise fanden die gezähmten Nachkommen schneller den Weg nach Deutschland als ihre wilden Vorfahren. Unter dem Einfluss des Menschen entwickelten sich im Laufe der Zeit Langohren verschiedenster Größen, Farben und Fellstrukturen.

Zurück zu den Wurzeln

Weltbürger Während der letzten Eiszeit zogen sich die Wildkaninchen in wärmere Gefilde zurück und kamen nur noch auf der Iberischen Halbinsel sowie in angrenzenden Regionen Frankreichs und Nordafrikas vor. Dank ihrer Vermehrungsfreudigkeit und Anpassungsfähigkeit, aber auch unter dem Einfluss des Menschen, breiteten sie sich in den letzten Jahrtausenden wieder großflächig aus. Heute bevölkern sie fast alle Teile der Welt. Wildkaninchen bevorzugen weite, aber dennoch deckungsreiche Landschaften, wie hügelige Gelände mit sandigem Boden und lichtem Gehölz. Heute sind sie auch an Waldrändern, in Parks und Gärten zu Hause. Ihr ursprünglicher Lebensraum ist jedoch das karge Buschland.

Anspruchslose Kostgänger Doch was hat das alles mit unseren Heimtieren zu tun? Die Verdauung der Wild- und damit auch der Hauskaninchen ist perfekt an die Nahrung ihrer ursprünglichen Lebensräume angepasst. Dort wachsen nur spärliche, wenig nahrhafte Gräser und Kräuter – kein Vergleich mit dem, was wir zu bieten haben. Um Ihre neuen Hausfreunde artgerecht und gesund zu ernähren, müssen Sie einen Blick auf die Lebens- und Ernährungsweise ihrer wilden Vorfahren werfen. Sie sind eine verlässliche Quelle, wenn es darum geht, die wahren Bedürfnisse der Hoppeltiere zu erkennen.

Alle Hauskaninchen stammen vom Wildkaninchen ab. Die immer noch verbreitete Bezeichnung Stallhase ist also irreführend. Der Feldhase lässt sich nicht domestizieren.

Vom Wildtier zum Nutztier

Schon die Römer schätzten das Fleisch und den Pelz der Wildkaninchen. Sie hielten die Langohren fast wie Haustiere in ummauerten Gärten, den sogenannten Leporarien, wo sie dann bei Bedarf mit Pfeil und Bogen erlegt wurden. Sogar in Gefangenschaft vermehrten sich

Die zutraulichen Mümmelmänner **machen große Karriere** als Heim- und Streicheltiere.

die Wildkaninchen prächtig und sorgten für eine stets reich gedeckte Tafel, blieben aber schreckhaft und scheu. Den eigentlichen Beginn der Domestizierung schreibt man französischen Nonnen und Mönchen des späten Mittelalters zu, denen es gelang, aus besonders ruhigen Tieren sanftmütige Hauskaninchen zu züchten. Dass man sich ausgerechnet

Schlappohren beeinträchtigen das Hörvermögen – in freier Natur ein echtes Handicap.
▼

in Klöstern so viel Mühe damit machte, liegt auf der Hand: Kaninchenfleisch war als Speise während der Fastenzeit erlaubt. Im Laufe der Zeit fanden die Hoppeltiere schließlich den Weg in den Stall des »kleinen Mannes«. Kaninchen waren einfach zu halten und eine willkommene Ergänzung des dürftigen Speiseplans. Daher züchtete man ab dem 16. Jahrhundert auch gezielt größere und schwerere Rassen. Was harmlos begann, endete in der Massentierhaltung von heute, die auch die Kaninchen nicht verschont hat.

Vom Nutztier zum Heimtier

Der Eingriff des Menschen in die Natur hat Spuren hinterlassen. Züchterisches Bestreben führte dazu, dass Tierformen entstanden, die in der Natur kaum mehr lebensfähig sind. Widderkaninchen etwa würde das aufgrund ihrer Schlappohren eingeschränkte Hörvermögen in freier Wildbahn schnell zum Verhängnis werden. Sie wären ein gefundenes Fressen für ihre vielen Feinde. Der Mensch hat aus lebens- und überlebensfähigen Wildtieren Geschöpfe gemacht, die völlig von ihm abhängig sind. Damit haben wir zugleich eine große Verantwortung übernommen. Auch Nutztiere haben ein Recht auf eine naturnahe und würdige Haltung. Nutzen ja, ausnutzen nein! Auf die ungute Bedeutung des Begriffs »Versuchskaninchen« wollen wir an dieser Stelle gar nicht erst eingehen. Zum Glück gibt es auch positive Entwicklungen. Vor allem in den letzten Jahren haben die putzigen Mümmelmänner Karriere als Heim- und Streicheltiere gemacht und immer mehr Menschen finden Gefallen an den gutmütigen und zutraulichen Langohren.

Mein Hase ist ein Kaninchen

Schon mancher neue Tierhalter stellte erstaunt fest, dass sein sogenannter Stallhase auch »nur« ein Kaninchen ist und nichts mit dem Feldhasen gemein hat. Ähnlichkeiten sind nicht zu übersehen, doch wer genauer hinschaut, erkennt die Unterschiede: Feldhasen sind wesentlich größer, haben längere Ohren und kräftigere Beine, sie leben und verhalten sich anders. Das hat ihnen wohl auch die Domestikation erspart. Feldhasen sind extrem schreckhaft, gefangene Tiere versuchen, in Panik zu fliehen, was oft tödlich endet. Das fruchtbarere Wildkaninchen erschien dem Menschen viel interessanter. Eine Gemeinsamkeit verbindet die Langohren dennoch: Obwohl beide gerne nagen, sind sie keine Nagetiere, sondern gehören zur Familie der Hasenartigen. Anders als die echten Nager besitzen sie im Oberkiefer ein zweites Paar Schneidezähne, das aber nur stiftartig entwickelt ist und hinter den Nagezähnen verborgen liegt.

Rassezucht im Wandel

In den frühen Tagen der Rassezucht standen Fleischertrag sowie Farbe und Beschaffenheit des Fells im Vordergrund. Gehege und Hasengärten wichen der heute noch üblichen Buchtenhaltung, weil allein sie eine gezielte Zucht ermöglichte. Die Bedürfnisse der Tiere wurden nur so weit berücksichtigt, wie es für ihr Überleben nötig war. Zum Glück haben sich die Zuchtziele im Lauf der Zeit gewandelt. Engagierte Liebhaber betreiben Zucht nicht vorrangig aus ökonomischen Gründen, sondern aus Liebe zum Tier, tauschen sich in Vereinen mit Gleichgesinnten aus und

präsentieren ihre Tiere auf Ausstellungen. Das gestiegene Interesse an Natur und Ökologie hat den Blick für artgerechte Haltung geschärft, aber immer noch wissen viele Halter zu wenig über die Ansprüche der Kaninchen.

Kaninchen und Feldhase

▶ 1 **Hauskaninchen** Hinsichtlich der Länge der Ohren stehen einige Kaninchenrassen dem Feldhasen in nichts nach. Der gedrungene Körperbau verrät jedoch auf den ersten Blick, dass ihr Stammvater das Wildkaninchen ist.

▶ 2 **Feldhase** Sein Markenzeichen sind die auffallend langen Ohren. An den schlanken, aber sehr kräftigen Beinen erkennt man den ausdauernden Langstreckenläufer.

WISSENSWERTES ÜBER HAUSKANINCHEN AUF EINEN BLICK

ANATOMIE, HALTUNG UND FORTPFLANZUNG

Name	Kaninchen *(Oryctolagus cuniculus)*, Familie der Hasenartigen
Gewicht	große Rassen 5–9 kg, mittelgroße 3–5 kg, kleine 2–3 kg, Zwerge 1–2 kg
Farbe	vielfältige Farbschläge und Fellstrukturen
Ohrlänge	große Rassen 18–21 cm (Widder 38–60 cm), mittelgroße 10–13 cm, kleine 9–10 cm, Zwergrassen 5–5,5 cm (Zwergwidder 24–28 cm)
Körperlänge	22–72 cm
Zähne	ständig nachwachsende Zähne; im Oberkiefer zwei Schneidezähne, zwei Stiftzähne und zwölf Backenzähne; im Unterkiefer zwei Schneide- und zehn Backenzähne
Nahrung	vorwiegend Heu, Gras, Zweige, Kräuter; dazu kleine Mengen Gemüse und Obst
Haltungs-bedingungen	große Käfige oder Ställe mit ausreichenden Bewegungsmöglichkeiten; täglicher Auslauf und möglichst oft Freilauf. Kaninchen sollten auf keinen Fall einzeln gehalten werden.
Geschlechtsreife	kleine Rassen ab 10.–12. Lebenswoche, große Rassen etwas später
Tragzeit	ca. 28–34 Tage
Wurfstärke	2–12, Zwergrassen 2–4
Nachwuchs	Nesthocker; Kaninchen kommen fast nackt, blind und taub auf die Welt.
Sozialverhalten	sehr gesellig; leben in großen Familienverbänden, in denen es meist ausgesprochen friedfertig zugeht
Lebenserwartung	8–12 Jahre

So leben Kaninchen

Auch wenn die Versuchung noch so groß ist: Sehen, verlieben und mit nach Hause nehmen ist der falsche Weg. Um Kaninchen artgerecht halten zu können, müssen Sie sich vor dem Kauf gründlich über ihre Lebens- und Verhaltensweisen informieren.

ORIENTIEREN Sie sich am Leben und den Ansprüchen der Wildkaninchen, dann können Sie bei der Haltung und Pflege Ihrer Langohren nicht viel falsch machen.

Die Familie kommt zuerst

Der Chef hat das Sagen Wildkaninchen sind Gruppentiere mit einem ausgeprägten Sozialverhalten. Die geselligen Langohren leben in Familienverbänden von 30 oder mehr Tieren. Es herrscht eine strenge Hierarchie, einer ist der Chef, die anderen müssen sich unterordnen. Das mag aus unserem Blickwinkel vielleicht ungerecht erscheinen, funktioniert aber seit Jahrtausenden wunderbar und sichert das Überleben der Art. Jedes Kaninchen kennt seinen Platz und fügt sich in die Gemeinschaft ein. Ab und zu gibt es von der oberen Etage mal eins hinter die Löffel, aber danach wird wieder gekuschelt und geschmust. Die Natur weiß schon, warum sie das so eingerichtet hat. So bringt beispielsweise eine in der Rangordnung oben stehende Häsin (diese irritierende Bezeichnung wird leider auch für Kaninchenweibchen benutzt) deutlich öfter Nachwuchs zur Welt als ein Weibchen mit niedrigerem Rang. Das stellt sicher, dass nur die besten Erbanlagen weitergegeben werden. Die Kaninchen betreiben also ein sinnvolles Auswahlverfahren, für das sie den Menschen nicht brauchen.

Einzelhaltung ist tabu Kaninchen sind Tiere mit Familiensinn, die keinesfalls ein Solodasein führen möchten. Nur die Gemeinschaft zählt und macht stark. Ersparen Sie Ihren Tieren deshalb die Einzelhaft, sonst sitzt nach kurzer Zeit ein trauriges und deprimiertes Häufchen Elend in der Ecke. Selbst wenn Sie dem Langohr viel Zeit und Zuwendung widmen: Der Mensch kann die Artgenossen nicht ersetzen. Für ein glückliches und gesundes Leben braucht Ihr Kaninchen mindestens einen Kumpel, mit dem es kuscheln, plaudern und auch mal streiten kann.

Schnuppertest: Die Duftnote verrät viel über die Artgenossen – sie ist gleichsam der Personalausweis. Freunde und Bekannte werden zur Begrüßung liebevoll mit der Nase angestupst.

Tunnelbauer und Tarnkünstler

▸ **1** **Tunnelbau** Graben und Buddeln gehören zur Überlebensstrategie der Kaninchen – in den weit verzweigten Höhlen finden sie Schutz vor Feinden. Auch Hauskaninchen buddeln gerne.

▸ **2** **Relaxen** Die Langohren entspannen sich gerne beim Sonnenbad auf der Wiese. Hier ist der Picknicktisch immer reich gedeckt.

▸ **3** **Tarnung** Ein dichter Unterschlupf ist genau nach dem Geschmack der Kaninchen. So kann man beobachten, ohne gesehen zu werden.

Eine Frage des Überlebens

Wer als Langohr zur Welt kommt, hat es nicht leicht. Als typische Beutetiere sind Kaninchen praktisch wehrlos und müssen ihr Heil in der Flucht suchen. Ihre einzigen Stärken sind Schnelligkeit, Beobachtungsgabe und Cleverness.

▸ Fix auf den Beinen: Kaninchen sind wendig und auf Kurzstrecken bis zu 39 Stundenkilometer schnell. Bevorzugt besiedelt werden ausgedehnte Flächen, die guten Überblick, aber auch Verstecke bieten. Diese graben die Hoppler am liebsten selbst und machen so ihrem Namen Ehre: Die Bezeichnung Kaninchen geht aufs lateinische »cuniculus« für »Höhle« oder »unterirdischer Gang« zurück.

▸ Stadt unter der Erde: Kaninchen legen weit verzweigte Tunnelsysteme mit mehreren Wohnkesseln an, die oft drei Meter tief und bis zu 50 m lang sind. Das sichert ihr Überleben. Sobald ein Rudelmitglied durch Klopfzeichen mit den Hinterläufen

Gefahr signalisiert, entwischen die Artgenossen blitzschnell ins nächste Erdloch. Eindringende Feinde werden durch die vielen verwinkelten Gänge und Röhren so verwirrt, dass den Bewohnern genug Zeit bleibt, um durch die Notausgänge zu fliehen. Diese sogenannten Sprungröhren verlaufen senkrecht nach oben und sind von außen nur mit einer dünnen Erdschicht getarnt, können also im Bedarfsfall schnell durchstoßen werden.

▸ Teamarbeit im Tunnel: Beim Bau des Labyrinths hilft der ganze Clan. Die Wohnkessel sind 30 bis 60 cm hoch, die Verbindungsröhren ca. 15 cm weit. Während die einen buddeln, befördern die anderen den Erdaushub mit ihren Hinterläufen aus der Bauzone. Das Tunnelsystem ist der beste Platz zum Verschnaufen, für ein kleines Schläfchen und die Aufzucht der Jungen. Wildkaninchen sind standorttreue Tiere. Je nach Kopfstärke der Kolonie kann sich ihr Revier aber über fast drei Kilometer erstrecken.

Das brauchen Ihre Hoppler

▸ Immer in Bewegung: Auch die Hauskaninchen wollen rennen, springen
und Haken schlagen. Ein großes Gehege, täglicher Auslauf und Freigang
auf dem Balkon (→ Seite 39) oder im
Garten (→ Seite 41) sind Pflicht.
Auch die ganzjährige Außenhaltung
ist möglich (→ Seite 44).

▸ Versteck gesucht: Auch bei den domes-
tizierten Tieren ist der Fluchtinstinkt
ausgeprägt. Ohne Verstecke mit mindestens zwei Ein- und Ausgängen
fühlen sich Kaninchen ihren Feinden
wie auf dem Präsentierteller ausgelie-
fert und stehen unter Dauerstress.
Im Innenbereich genügen einfache
Häuschen und Tunnel, draußen sollten es wetterfeste Schutzhütten sein.

▸ Arbeitsgemeinschaft Tiefbau: Graben
ist die große Leidenschaft der Langohren. Achten Sie besonders im Freigehege darauf, dass die Tiere keine
Fluchtwege anlegen. Bei ständiger
Außenhaltung muss das Erdreich un-

bedingt abgesichert werden. Buddelkiste und Sand- oder Erdhaufen sind
eine gute Alternative und genau nach
dem Geschmack der »Wühlmäuse«.

▸ Vertraute Heimat: Kaninchen sind
standorttreu und mögen keine Veränderungen. An ein neues Zuhause oder
fremdes Territorium muss man sie
langsam gewöhnen (→ Seite 57). Ein
ständiger Umgebungswechsel ist Gift
für die stressanfälligen Tiere.

TIPP

Angst vor Luftattacken

Greifen Sie niemals plötzlich von oben nach
einem Kaninchen. Bei dieser Aktion vermutet
es instinktiv den Angriff eines Greifvogels und
wird in Panik das Weite suchen. Der Stressfaktor ist dabei außerordentlich hoch. Um das
Vertrauen Ihrer Tiere zu gewinnen, sollten Sie
sich ihnen immer nur von vorn nähern.

Symbol der Fruchtbarkeit

Die Paarungszeit der Wildkaninchen hängt von ihrem Lebensraum ab. In Mitteleuropa liegt sie zwischen Februar und März beziehungsweise Juli und August, weil diese Monate den Kaninchen hinsichtlich Umgebungstemperaturen und Futterangebot die besten Aufzuchtbedingungen bieten.

Nachwuchs im Wohnkessel aufziehen, wo er die besten Überlebenschancen hat. Die Neugeborenen sind Nesthocker, fast nackt, blind und taub (Lid- und Ohrspalten sind geschlossen) und wiegen 30 bis 50 Gramm. Die Mutter lässt den Nachwuchs tagsüber allein und sucht das Nest nur morgens und abends auf, um die Kleinen fünf bis zehn Minuten lang zu säugen. Danach verschließt sie den Eingang mit Gräsern und Blättern und scharrt Erde darüber, um die Babys vor Fressfeinden wie Iltis, Fuchs,

WUSSTEN SIE SCHON, DASS ...

... Kaninchen Geburtenkontrolle betreiben?

Wenn die Lebens- und Witterungsbedingungen ungünstig sind, wie zum Beispiel bei plötzlichem Kälteeinbruch, Futternot oder drohender Überbevölkerung der Kolonie, können Kaninchenweibchen etwa ab dem 12. Trächtigkeitstag die Entwicklung des Nachwuchses stoppen. Die Embryonen werden vom Körper der Mutter resorbiert, was wahrscheinlich bei 60 Prozent der Schwangerschaften passiert. Ranghohe Häsinnen tragen bevorzugt aus.

Im Eiltempo durch die Kinderstube

Das Fortpflanzungspotenzial der Kaninchen ist sprichwörtlich, es kann sogar zu Doppelträchtigkeiten (→ Seite 113) kommen. Häsinnen tragen 28 bis 34 Tage und haben fünf bis sieben Würfe pro Jahr mit meist fünf bis zehn Jungen. Geburt und Aufzucht der Jungen erfolgen in der sogenannten Setzröhre, die sich außerhalb des Koloniewohnbereichs befindet und von der Häsin mit Pflanzenmaterial und ausgerupfter Bauchwolle ausgepolstert wird. Nur das ranghöchste Weibchen darf seinen

Wiesel und Marder zu schützen. Mit drei Wochen verlassen die Jungen erstmals das Nest. Eine Woche später schließt die Milchtheke der Mutter, und der Ernst des Lebens beginnt. Die Weibchen werden bereits mit drei bis vier Monaten geschlechtsreif und können im selben Jahr Junge haben, pflanzen sich aber oft erst im zweiten Lebensjahr fort. Wird die Kolonie zu groß, wandern zunächst die Häsinnen ab und werden von anderen, unterbesetzten Gruppen gerne aufgenommen. Verstoßene Rammler versuchen eigene Kolonien zu gründen.

Die Verantwortung des Halters

Nicht ohne Grund gelten Kaninchen in sehr vielen Kulturen als Symbol der Fruchtbarkeit. Allein die Vermehrungsfreudigkeit sichert ihr Überleben, denn die Sterblichkeitsrate ist – vor allem im ersten Lebensjahr – extrem hoch. Wildkaninchen können bis zu zehn Jahre alt werden, erreichen dieses Alter wegen der vielen Fressfeinde aber selten. Nur etwa zehn Prozent der Mitglieder einer Population sind älter als drei Jahre.

Für Kaninchen in Menschenhand sind die Bedingungen für die Aufzucht ihrer Jungen nahezu ideal. Daher sind die Tiere instinktiv bestrebt, sich ständig fortzupflanzen. Weil die natürlichen Feinde fehlen, haben Hauskaninchen zudem eine hohe Lebenserwartung. Es liegt einzig in der Verantwortung des Menschen, eine übermäßige und unkontrollierte Vermehrung zu vermeiden. Die frühzeitige Kastration oder Sterilisation (→ Seite 111) ist empfehlenswert.

Im Schutz der Dämmerung

Wildkaninchen sind dämmerungsaktiv und besonders in den frühen Morgen- und späten Abendstunden anzutreffen. Im Schutz der Dunkelheit trauen sie sich aus ihren Unterschlupfen heraus und gehen auf Nahrungssuche. Während der übrigen Zeit schlafen und ruhen sie meist im Bau. In abgelegenen Gebieten, in denen sich die Langohren ungestört und sicher fühlen, kann man die Tiere aber nicht selten auch tagsüber beobachten.

Hauskaninchen sind ebenfalls vor allem in der Dämmerung aktiv. Versuchen Sie bitte, den natürlichen Lebensrhythmus Ihrer Tiere nicht unnötig zu stören. Die Langohren sind anpassungsfähig, weckt man sie aber mitten in ihrem schönsten Mittagsschläfchen, können sie ziemlich kratzbürstig reagieren. Andererseits finden Sie es sicher auch nicht toll, wenn Ihre Hoppel Sie in der Nacht wecken und spielen wollen. Damit Mensch und Tier sich nicht gegenseitig stören, sollte man Kaninchen bei Innenhaltung möglichst in einem eigenen Zimmer unterbringen. Die beste Zeit für gemeinsame Aktivitäten sind die Morgen- und Abendstunden. Allerdings gibt es auch Ausnahmen, weil sich manche Hoppler erstaunlich schnell selbst an ungewöhnliche Schlaf- und Wachphasen anpassen. Nur zwingen sollten Sie Ihre kleinen Hausfreunde dazu nicht.

Den Kaninchen in unserem Freigehege kann man fast den ganzen Tag über beim Schlafen, Dösen oder Mümmeln zuschauen. Sie ziehen sich nur selten in ihre Unterschlupfe zurück. Die friedliche Umgebung verleitet so manches Langohr zum ausgedehnten Sonnenbad an der frischen Luft.

Wer weckt mich denn da am helllichten Tag? Bei mir ist jetzt Schlafenszeit angesagt. ▸

Jeder Tag ein Abenteuer

Für die wilden Verwandten unserer Hauskaninchen ist jeder Tag eine neue Herausforderung: Futtersuche, Jungenaufzucht, Bedrohung durch Fressfeinde, Hitze, Kälte, Regen, Schnee – das alles will gemeistert werden. Der ständige Kampf ums Überleben fordert die ganze Aufmerksamkeit und schärft die Sinne. Nicht alle Abenteuer gehen gut aus, aber die Artgenossen lernen aus den Fehlern und sind noch mehr auf der Hut. Auch zahme Kaninchen brauchen Abwechslung. Da sie weder Feinde fürchten noch sich ums tägliche Futter sorgen müssen, werden sie nicht selten träge und lethargisch. Um das muntere und fidele Wesen der Mümmelmänner zu erhalten, müssen sie auf andere Art und Weise gefordert werden. Es gibt viele Möglichkeiten, ihre Neugier zu wecken und sie ihre natürlichen Instinkte ausleben zu lassen (→ Seite 103).

Die Sinne der Kaninchen

Wildkaninchen verfügen über keine wirksamen Verteidigungsmittel. Die einzigen »Waffen«, mit denen die Natur sie ausgestattet hat, sind leistungsfähige Sinne – allen voran ihr fantastisches Hörvermögen und ein hoch entwickelter Geruchssinn. Gepaart mit der Fähigkeit zur blitzschnellen Reaktion und den flinken Hasenfüßen sichern die Sinnesleistungen den ansonsten wehrlosen Langohren das Überleben.

2 **Wälzen** Es bereitet den Langohren sichtliches Vergnügen, sich in Erd- oder Sandhaufen zu wälzen. Sie werfen sich auf die Seite und rollen über den Rücken hin und her. Wälzen ist ein deutliches Zeichen des Wohlbefindens.

1 **Buddeln und Markieren** Wenn es sehr heiß ist, buddeln die Kaninchen Erdkuhlen und legen sich zur Abkühlung hinein. Vorher wird das neue Bauwerk gründlich markiert und so zum Alleinbesitz erklärt.

Ein Aufpasser überwacht das Gelände und warnt rechtzeitig vor Gefahr. ▶

Den Überblick behalten

Die seitlich am Kopf sitzenden Augen des Kaninchens bieten beste Rundumsicht und sorgen dafür, dass Feinde rechtzeitig erkannt werden, egal, aus welcher Richtung sie sich nähern. Eingeschränkt ist hingegen das räumliche Sehvermögen im Nahbereich. Die Pupillen können sich nicht verkleinern, was aber für dämmerungsaktive Tiere kein Problem darstellt. Einige Experten halten Kaninchen für farbenblind, andere sind der Meinung, dass sie Rot und Grün unterscheiden können. Unsere Langohren bevorzugen grünes Futter, vielleicht schmeckt es ihnen aber auch einfach nur besser. Testen Sie es doch einmal selbst bei Ihren Tieren.

Darauf sollten Sie achten Kaninchen sind speziell in einer neuen Umgebung sehr schreckhaft. Vermeiden Sie hektische Bewegungen und grelles Licht. Aussichtsplattformen geben den Tieren ein Gefühl der Sicherheit. Auf Tischen oder anderen Erhöhungen sollten sie aber nicht unbeaufsichtigt herumturnen, weil sie Entfernungen schlecht einschätzen können und leicht abstürzen.

Löffel hoch und horch

Schon beim kleinsten Geräusch geht ein Mümmelmann in Habtacht-Stellung. Er hebt den Kopf, stellt die Ohren auf und verharrt regungslos. Seine Lauscher sind wahre Hightech-Hörsysteme. Die trichterförmigen Löffel können unabhängig voneinander auf Geräuschquellen ausgerichtet werden und überdecken einen Hörraum von 360 Grad. Eine wichtige Lebensversicherung für die Langohren.

Darauf sollten Sie achten Nerven Sie die Kaninchen nicht mit überlauter Musik oder Lärm. Ihre Geräuschempfindlichkeit ist wesentlich höher als unsere. Vertraute Töne stören sie wenig, aber fremde Geräusche können sie schnell in Panik versetzen. Wählen Sie daher einen möglichst ruhigen Platz für die Unterkunft Ihrer Schützlinge.

Es liegt was in der Luft

Kaninchen sind echte »Nasentiere«. Ihr feines Näschen ist mit 100 Millionen Riechzellen ausgestattet. Die Kommunikation mit den Artgenossen erfolgt vor allem über den Geruch. Hautdrüsen am Kinn und in der Analregion geben Duftstoffe ab, mit denen Territorien markiert und Botschaften hinterlassen werden. Familienangehörige werden anhand ihrer »Parfümmarke« identifiziert.

Diese, Pheromone genannten Duftstoffe geben Auskunft über Alter, Geschlecht, Rang und Paarungsbereitschaft. Den ständig zuckenden Nasenlöchern entgehen auch feinste Gerüche nicht. Mit regelmäßigem »Nasenblinzeln« wird der Luftraum kontrolliert. Dabei heben und senken sich die Nasenfalten synchron. **Darauf sollten Sie achten** Kaninchen mögen keinen Zigarettenqualm und Parfümgeruch. Auch Putzmittel stinken den Langohren gewaltig. Von frischer Luft können sie jedoch gar nicht genug bekommen.

Blatt für Blatt ein Gaumenschmaus – dafür streckt sich ein Langohr gerne einmal.

Kleine Gourmets

Kaninchen haben einen ausgeprägten Geschmackssinn. Sie fressen noch lange nicht alles, was man ihnen vorsetzt. Besonders bei Freilandhaltung kann man beobachten, wie sie gezielt Gräser und Kräuter suchen. Die 8000 Geschmacksknospen ihrer Zunge können süß, sauer, bitter und salzig unterscheiden. Geruch und Geschmack sagen dem Wildkaninchen, welche Pflanzen bekömmlich sind und welche sie besser meiden sollten. Giftpflanzen verraten sich meist durch beißenden oder bitteren Geschmack. **Darauf sollten Sie achten** Wildkaninchen können beim Futter nicht viel falsch machen, weil das Angebot überschaubar ist. Die Hausfraktion wird nur zu oft mit Leckerbissen verwöhnt, was dazu führt, dass die Tiere dick und träge werden. Achten Sie auf eine ausgewogene und nicht zu reichliche Ernährung (→ Kapitel 4). Manche domestizierte Kaninchen kennen den Unterschied zwischen Futter- und Giftpflanze nicht mehr. Suchen Sie beim Freilauf das Gehege vorher nach Giftpflanzen ab.

Sicher unterwegs im Dunkeln

Die dämmerungsaktiven Wildkaninchen müssen sich auch im Dunkeln orientieren können. Dabei helfen ihnen Tasthaare an Oberlippe, Kinn und den Augenbrauen, die selbst auf feinste Berührungen reagieren. Die Tasthaare sind etwa so lang, wie das Tier breit ist und fungieren quasi als Abstandshalter. Sie zeigen Hindernisse an und informieren darüber, ob das Kaninchen durch einen Durchschlupf passt. **Darauf sollten Sie achten** Ohne seine »Schnurrhaare« kann sich ein Kaninchen nicht mehr orientieren. Bitte nie daran zupfen oder gar abschneiden!

MEIN HEIMTIER

Wie gut hören meine Kaninchen?

Gutes Hören ist für das Beutetier Kaninchen überlebenswichtig. Die Ohrlöffel kontrollieren einen Hörraum von 360 Grad. Am besten hören Langohren zwischen 100 und 15 000 Hz (maximale Hörempfindlichkeit des Menschen: 1000 bis 5000 Hz).

Der Test beginnt:

○ Konfrontieren Sie die Tiere kurzzeitig mit Tönen verschiedener Lautstärke und Klangfarbe, zum Beispiel Fingerschnipsen, Pfeifen, leiser Musik, In-die-Hände-klatschen.
○ Verwenden Sie sowohl vertraute wie fremde Geräusche und gehen Sie dabei aus wechselnden Richtungen auf die Kaninchen zu.
○ Führen Sie den Test zuerst in der Aktivphase am Abend, später in der Ruhezeit durch.

Mein Testergebnis:

Akustische Verständigung

Nur nicht auffallen: Beutetiere können sich eine laute Stimme nicht leisten, weil sonst auch die Fressfeinde mithören. Bei den Wildkaninchen funktioniert die Kommunikation trotzdem prächtig. Die Langohren in der Wohnung sind darauf angewiesen, dass wir ihre leisen Töne deuten. Weil man dazu genau hinhören muss, werden die Laute leider oft ignoriert. Wenn Sie Ihre Tiere regelmäßig beobachten, verstehen Sie die Sprache schon bald.

Quietschen und Schreien Hoffentlich hören Sie diese Laute nie. Sie signalisieren Todesangst und sind so schrill und laut, dass selbst wir sie nicht ignorieren können. Auslöser können natürliche

Feinde wie Hund oder Katze sein, aber auch der Mensch. Bieten Sie Ihren Langohren genügend Versteckmöglichkeiten an und erschrecken Sie die Tiere nicht mit fremden Geräuschen und hektischen Bewegungen. Packen Sie ein Kaninchen nie von oben, weil das dem Angriff eines Greifvogels ähnelt (→ Seite 13). Vermeiden Sie jede Art von Stress.

Fiepen Mit diesem Laut rufen die Jungen nach ihrer Mutter. Aus einem Nest mit Neugeborenen ertönt fast ständig leises Fiepen. Es signalisiert Hunger, Kälte und Angst. Wenn sie sich unsicher fühlen, stoßen auch ältere Tiere ab und zu diesen Verlassenslaut aus.

Brummen Ein brummendes Tier wandelt auf Freiersfüßen. Der kehlige, tief aus der Brust kommende Laut drückt

Für das Gemeinschaftstier Kaninchen ist seine
komplexe Laut- und Körpersprache die wichtige
Basis für eine fehlerfreie Kommunikation.

Paarungsbereitschaft aus und dient der Werbung. Nach dem Deckakt stößt der Rammler einen lauten Knurrlaut aus.

Leises Fauchen und Grunzen Ganz klar: Ihr Hoppel ist verärgert oder genervt. Das kann an den Artgenossen oder an Ihnen liegen. Manchmal ist ein Kaninchen aber einfach auch nur schlecht drauf. Bedrängen Sie es nicht, es will jetzt seine Ruhe haben.

Scharfes Fauchen und Knurren Bitte aufpassen: Kaninchen in Kratz- und Beißstimmung. Auch Kuscheltiere haben dann und wann miese Laune. Vielleicht muss auch ein Artgenosse in die Schranken verwiesen werden. Gilt das Knurren Ihnen, sollten Sie sich vorsichtig zurückziehen, um einen Angriff zu vermeiden. Eigentlich aber sind Kaninchen sehr friedliche Tiere, und ein

solches Benehmen hat meist eine besondere Ursache. Vielleicht waren Sie einfach zu aufdringlich, und das Langohr möchte endlich seine Ruhe haben.

Zähneknirschen Das leise Knirschen und Mahlen mit den Zähnen ist ein Wohlfühllaut. Das Kaninchen genießt Ihre Zuwendung, es ist zufrieden und entspannt. Sie müssen aber genau hinhören, um diese dezente Lautäußerung wahrzunehmen.

▶ Starkes und vernehmliches Zähneknirschen signalisiert Schmerzen. Fast immer geht es mit angespannter Körperhaltung, Apathie und getrübtem Blick einher.

Klopfen und Trommeln Kaninchen können mit den Hinterläufen kraftvoll auf den Boden stampfen. In freier Natur ist das ein deutliches Warnsignal für die Artgenossen: Feind in Sicht, alle sofort ins nächste Erdloch! Auch Hauskaninchen trommeln und klopfen, wenn sie sich bedroht fühlen.

Körpersprache und Verhaltensweisen

Auch mit seinem Verhalten und der Körpersprache erzählt uns ein Kaninchen viel über sein Leben. Es drückt auf diese Weise Zufriedenheit und Lebensfreude, aber auch Stress, Angst oder Schmerz aus. Dabei darf man nicht vergessen, dass jedes Langohr ein eigenständiges Individuum ist, das spezielle Charaktereigenschaften, Vorlieben und natürlich auch so seine Macken hat.

Akrobatisch: Ein Luftsprung mit Drehung schüttelt selbst hartnäckige Verfolger ab.
▼

Männchen machen Gute Rundumsicht ist wichtig. Beim Aufrichten auf die Hinterbeine erhält man nicht nur den besten Überblick, sondern hat auch gleich Nase und Lauscher auf Empfang. Hauskaninchen befriedigen so auch ihre Neugier oder betteln um Leckerbissen.

Abducken Wenn ein Kaninchen Gefahr wittert, der nächste Unterschlupf aber zu weit entfernt ist, drückt es sich ganz flach auf den Boden, legt die Ohren an und verhält sich mucksmäuschenstill. Das ist eine gute Tarnung, denn viele

Auch Langohren im Haus überraschen den Halter ab und zu mit ausgefeilten akrobatischen Vorführungen – falls der Platz dafür ausreicht. Das übermütige Treiben drückt viel Lebensfreude aus und ist ein Kompliment an Sie.

Wälzen Wälzen ist ein unverkennbares Indiz für Wohlbefinden. Wir haben in unserem Gehege einige unbewachsene Stellen mit Sand und Erde aufgefüllt. Es

WUSSTEN SIE SCHON, DASS …

… Kaninchen täglich fast 80 Mahlzeiten haben?

Der Kaninchenmagen besitzt kaum Muskeln, die Nahrung wird durch ständiges Nachstopfen weitertransportiert. Deshalb spricht man vom Stopfmagen: Nur wenn oben etwas reinkommt, kommt unten auch etwas heraus. Die Langohren müssen also ständig futtern. Bekommen sie zu wenig Heu, bleibt der Nahrungsbrei zu lange im Magen. Die Überladung kann zu Bauchschmerzen oder sogar zu einem tödlichen Riss der Magenwand führen.

natürliche Feinde nehmen ihre Beute nur über die Bewegung wahr. Besteht keine akute Gefahr, ist das Abducken ein Zeichen von Unterwürfigkeit. Das Langohr erkennt damit den höheren Rang eines Artgenossen oder Menschen an.

Luftsprünge Wildkaninchen lassen sich einiges einfallen, um ihre Feinde zu verwirren oder auszutricksen. Sie können während eines Luftsprungs die Richtung ändern, unvermittelt Haken schlagen und im Zickzack-Laufen die Verfolger abhängen. Diese Kunststücke müssen natürlich trainiert und erprobt werden.

ist ein großes Vergnügen, wenn man den Kaninchen dabei zusieht, wie sie sich immer wieder auf die Seite werfen und über den Rücken hin- und herrollen. In der Wohnung wird dafür eine Sandkiste gerne akzeptiert.

Entspannte Seitenlage und Hocke Ein Langohr, das lang ausgestreckt auf der Seite liegt oder entspannt in der Hocke sitzt, fühlt sich sicher und geborgen. Unser Bully döst und schläft gerne halb auf den Rücken gedreht und jagt damit Menschen, die ihn nicht kennen, einen Schrecken ein, weil sie ihn für tot halten.

Passen Kaninchen zu mir?

Kaninchen sind nicht so anspruchslos, wie man oft annimmt. Prüfen Sie, ob die Tiere wirklich zu Ihnen passen.

- ○ Sind Sie bereit, mindestens zwei oder mehr Kaninchen zu halten?

- ○ Können Sie genügend Zeit investieren, um die Tiere gut zu versorgen und sich mit ihnen zu beschäftigen?

- ○ Bietet Ihre Wohnung ausreichend Platz, um den Langohren den notwendigen täglichen Auslauf zu ermöglichen?

- ○ Gibt es einen Garten, in dem die Kaninchen in einem Freigehege Frischluft und Sonne genießen können?

- ○ Wie alle Fell tragenden Tiere können Kaninchen Allergien auslösen. Besteht bei keinem Mitglied Ihrer Familie die Gefahr einer allergischen Reaktion?

- ○ Sind Sie sich darüber im Klaren, dass Kaninchen zehn Jahre und älter werden?

- ○ Sind Sie in der Lage, die laufenden Kosten für den Unterhalt zu tragen? Haben Sie die Rechnungen des Tierarztes bedacht?

- ○ Wer versorgt die Tiere, wenn Sie im Urlaub sind oder einmal krank werden?

- ○ Ist Ihnen und Ihren Kindern klar, dass Kaninchen keine Schmusetiere sind?

Angespannter Körper Sichtbare Anspannung signalisiert Neugier, Erregung und erhöhte Aufmerksamkeit. Legt das Kaninchen die Ohren an, kann es zum Angriff kommen. Machen Sie sich keine Sorgen: Streitereien um die Rangordnung müssen geklärt werden und sind meist halb so schlimm, wie sie aussehen. Hinterher kann man die Kontrahenten bei einträchtiger Fellpflege beobachten.

Putzen und Lecken Gegenseitige Fellpflege festigt die Familienbande. Lecken die Hoppel Ihre Hand, ist das ein Zeichen von Zuneigung. Dann sind Sie ein offizielles Gruppenmitglied.

Markieren Kaninchen reiben häufig mit Kopf und Kinn an Gegenständen. Dabei wird das Sekret einer unter dem Kinn sitzenden Duftdrüse abgegeben. Die Geruchsmarkierung dient der Orientierung und signalisiert: Das gehört mir! Unser Buri, ein riesiger Mischlingswidder, hat es sich zur Lebensaufgabe gemacht, alles und jeden zu markieren. Aufgrund seines fortgeschrittenen Alters genießt er Narrenfreiheit und tagsüber uneingeschränkten Gartenauslauf. Vom Lattenzaun über die Gießkanne bis hin zu den Hauspantoffeln und manchen Gästen markiert er einfach alles – und das leider nicht nur einmal.

Rammeln Rammelnde Kaninchen demonstrieren ihre Fortpflanzungsbereitschaft. Durch Rammeln wird aber auch die Rangordnung festgelegt. Wenn Jungtiere und Häsinnen rammeln, ist das also durchaus normal.

An- und Wegstupsen Ein Langohr, das Sie mit der Nase anstupst, sucht Nähe und Aufmerksamkeit oder bettelt um Leckerbissen. Hat es keine Lust auf Kuscheln und Streicheln, macht es das durch Wegschubsen deutlich. Respektieren Sie die Launen Ihrer Tiere, um zu

Geruchskontrolle: Wer hat hier wohl seine Duftbotschaft hinterlassen? ▶

verhindern, dass sie ihren Wünschen mit den Krallen Nachdruck verleihen.

Scharren und Buddeln Wildkaninchen verbringen eine Menge Zeit mit dem Graben von Tunnelsystemen. Die Verwandten in der Wohnung besitzen zwar Fertighäuschen, doch ihr Buddeltrieb ist ungebremst. Wer seinen Langohren kein Freigehege anbieten kann, sollte zumindest eine Buddelkiste aufstellen, in der sie sich austoben können.

Kuscheln und Schmusen Der enge Körperkontakt zu den Artgenossen ist für Kaninchen ein wichtiges Mittel der Kommunikation und sorgt für Geborgenheit und Wohlbefinden. Wenn Sie Glück haben, kuscheln manche Hoppel auch mit Ihnen. Das ist aber von Tier zu Tier unterschiedlich, und Sie sollten keinem die Nähe aufzwingen. Auch das reine Beobachten macht viel Spaß und kann interessant und spannend sein.

Spezielle Eigenarten, die Sie kennen sollten

Einige Verhaltensweisen der Langohren wirken vor allem auf Anfänger in der Kaninchenhaltung ungewöhnlich und befremdlich. Mit Entsetzen beobachten sie, wie ihre neuen Lieblinge den eigenen Kot fressen oder sich büschelweise das Fell ausreißen. Einige dieser besonderen, aber ganz normalen Eigenarten möchte ich hier beschreiben.

Kotfressen Das Aufnehmen des eigenen Kots ist für Kaninchen lebensnotwendig. Die Hinterlassenschaften sind sehr nährstoffreich und wichtig für die funktionierende Verdauung (→ Seite 66).

Spritzen Das Verspritzen des Harns ist keine Unart eines Rammlers, sondern ein natürliches Verhalten, mit dem er seine Besitzansprüche geltend macht. Vor allem dominante Tiere bespritzen untergeordnete Artgenossen gern und häufig. Die Kastration kann manchmal Abhilfe schaffen. Vereinzelt lässt sich diese Form des Markierens auch bei den Häsinnen beobachten.

Kot auslegen Das gezielte Auslegen von Kot dient der Reviermarkierung. Selbst stubenreine Kaninchen (→ Seite 101) hinerlassen ab und zu an bestimmten Plätzen ein paar Kotkügelchen. Diese Kugeln sind mit dem Sekret der Analdrüsen parfümiert und tragen so den individuellen Geruch des jeweiligen Tieres. Besonders wenn ein Kaninchen sein Territorium bedroht sieht, was zum Beispiel bei einem neuen Mitbewohner der

Fall sein kann, legt es an bestimmten Stellen auffällig viele Kotpillen ab. Die Botschaft ist eindeutig: Pfoten weg, das gehört mir!

Fell ausreißen Wenn sich eine Häsin das Fell am Bauch auszupft, ist meist Nachwuchs unterwegs. Sie will ihren Babys mit den Haaren ein weiches Nest bauen. Manchmal sieht die werdende Mutter danach ziemlich zerzaust aus und hat kahle Stellen. Das Fellzupfen kann auch bei einer Scheinschwanger-schaft auftreten. Mehr zum Thema Nachwuchs erfahren Sie in Kapitel 7.

Aggressionen Unter Langohren sind Rangeleien normal. Zur Attacke gegen den Halter kommt es höchstens bei extremer Angst, bei Schmerzen oder zur Verteidigung des Nachwuchses. Ansonsten sind Kaninchen sehr geduldig und sanftmütig. Auffällige Verhaltensstörungen sind fast immer auf unzureichende Haltungsbedingungen und Tierquälerei zurückzuführen (→ Seite 127).

Entspannung pur: In einem ausgehöhlten Ast kann man es sich so richtig gemütlich machen. Bei Gefahr taucht man einfach ins Innere ab.

Kaninchenrassen

Wer sich für reinrassige Kaninchen interessiert, sollte sich bereits vor dem Kauf gründlich informieren. Die Rasseporträts auf den folgenden Seiten geben einen kleinen Überblick über die beliebtesten Zuchtrassen.

DIE QUAL DER WAHL. Ein reinrassiges Kaninchen oder doch lieber den Mischling? Jedes Tier hat seine Vorzüge, aber auch besondere Ansprüche. Einige Rassen bedürfen intensiver Pflege. Den zeitlichen Aufwand sollten Sie nicht unterschätzen.

Kleiner Exkurs in die Geschichte der Kaninchen

Erste Aufzeichnungen über Rassekaninchen stammen aus dem Mittelalter. Darin ist von weißen, schwarzen, aschgrauen und gescheckten Tieren die Rede. Im 16. Jahrhundert kannte man fünf Rassen, von denen einige viermal so groß wie Wildkaninchen waren. Angorakaninchen sollen 1707 erstmals schriftlich erwähnt worden sein. Um 1800 kamen blaue, gelbe und braune Rassen hinzu. Die Gründung der ersten Zuchtvereine Ende des 19. Jahrhunderts begünstigte den Anstieg der Rassezucht. Es konnten Gewichtssteigerungen bis zu neun Kilo sowie eine enorme Vielfalt bezüglich Fellstruktur, -farbe und -länge erzielt werden. Derzeit erkennt der ZDRK, der Zentralverband Deutscher Rassekaninchenzüchter (→ Adressen, Seite 141), 88 verschiedene Rassen mit insgesamt 270 Farbschlägen, an. Sie werden in folgende Kategorien eingeteilt: große Normalhaarrasse, mittelgroße Normalhaarrasse, kleine Normalhaarrasse, Zwergrasse, Haarstrukturrasse (Satin), Kurzhaarrasse (Rex) und Langhaarrasse. Nicht anerkannt sind zum Beispiel Teddyzwerg und Löwenköpfchen.

Die ZDRK-Standardkommission trägt eine große Verantwortung und muss tierschutzrechtliche Aspekte prüfen. Nicht alles, was züchterisch machbar ist, ist auch sinnvoll. Wenn gesundheitliche Schäden für die Tiere absehbar sind, wird eine neue Rasse nicht anerkannt. Um einer zunehmenden »Miniaturisierung« bei den Kaninchen entgegenzuwirken, hat der Zentralverband zum Beispiel Mindestgewichte für Zwergkaninchen festgelegt.

TIPP

Löffel mit Tattoo

Ein reinrassiges Kaninchen erkennt man an der Ohrtätowierung: Im rechten Ohr befindet sich eine Buchstaben- und Zahlenkombination, die für den Landes- bzw. Ortsverband stehen. Die Zahlen im linken Ohr geben den Geburtsmonat, die letzte Ziffer des Geburtsjahres und die laufende Nummer im Zuchtbuch an.

Deutscher Riese, grau
Große Normalhaar-Rasse

Gewicht: 5,5–7 kg, kein Höchstgewicht **Länge:** 72 cm von Nasenspitze bis Schwanzwurzel **Körperbau:** groß und gestreckt, starker Knochenbau, gerade Rückenlinie **Kopf:** groß mit breiter Stirn, starken Backen und kräftiger Nasenpartie **Ohren:** Länge ca. ein Viertel der Körperlänge, voll behaart, abgerundet, schwarz gerändert **Läufe:** gerade und stark **Fell:** ca. 4 cm lang, dicht; Deckfarbe hasengrau, Zwischenfarbe rostbraunrot (nur an Rücken, Brust, Flanken), Unterfarbe dunkelblau **Augen:** braun **Krallen:** dunkelhornfarbig bis schwarz **Farbschläge:** wildgrau, hasengrau, dunkelgrau, eisengrau, hasenfarbig, blau, blaugrau, schwarz, chinchillafarbig, gelb **Besonderheit:** größte und schwerste Rasse; die Haltung erfordert viel Platz.

Thüringer
Mittelgroße Normalhaar-Rasse

Gewicht: 2,5–3,5 kg, höchstens 4,25 kg **Körperbau:** breit, gedrungen, gut bemuskelt, geschwungene Rückenlinie, walzenförmiger Rumpf **Kopf:** kurz und breit **Ohren:** gut behaart, oben abgerundet, straff aufgerichtet **Läufe:** kräftig und mittellang **Fell:** ca. 3 cm lang, sehr dichte Unterwolle; Deckfarbe sattgelbbraun, dunkelbraun gespitztes Grannenhaar (steifes Oberhaar) verleiht einen rußartigen Schleier **Abzeichen:** symmetrische rußfarbige Maske auf dem Nasenrücken, dunkelrußfarbige Ohren und Läufe, dunkel eingefasste Augen und dunkle Kinnbacken; an den Seiten breiter rußartiger Streifen bis zu Hinterschenkeln **Unterfarbe:** kräftig gelbrot **Augen:** braun **Krallen:** dunkelhornfarbig **Besonderheit:** sehr frohwüchsig und robust, frühreif

Burgunder
Mittelgroße Normalhaar-Rasse

Gewicht: 4,25 kg, mindestens 3,25 kg, höchstens 5,25 kg **Körperbau:** leicht gestreckt, ebenmäßige Rückenlinie, durchgehend gleich breit **Kopf:** kräftig, breite Stirn- und Schnauzenpartie **Ohren:** im Vergleich zu anderen Mittelrassen etwas länger, gut aufgesetzt, werden v-förmig getragen **Läufe:** gerade und breit gestellt **Fell:** mittellang, dichte Unterwolle **Deckfarbe:** warmer, gelbroter Ton am ganzen Körper, nur Nasenlöcher, Augen- und Kinnbackeneinfassung sowie Bauch sind cremefarben **Unterfarbe:** heller als Deckfarbe **Augen:** braun **Krallen:** dunkelhornfarbig **Besonderheit:** hebt sich durch die schlankere Form von den anderen walzenförmigen Mittelrassen ab, keine extreme Knochenverkürzung und Gedrungenheit

Blauer Wiener
Mittelgroße Normalhaar-Rasse

Gewicht: 3,25–4,25 kg, höchstens 5,25 kg **Körperbau:** breit, leicht gestreckt, walzenförmiger Rumpf, ausgeprägte runde Formen, kompakt und muskulös; breite, voll ausgeprägte Brust, breiter und kräftiger Nacken, kaum erkennbarer Hals **Kopf:** groß und kräftig, breite Kopf- und Schnauzenpartie, Nasenbein leicht geramst **Ohren:** ca. 11 cm lang, gut behaart, straff aufgerichtet, löffelartige Enden **Läufe:** knapp mittellang und kräftig **Fell:** ca. 3,5 cm, dichte, seidenweiche Unterwolle **Deckfarbe:** kräftiges, glänzendes Mittelblau am gesamten Körper, am Bauch etwas matter **Unterfarbe:** wenig heller als Deckfarbe **Augen:** blaugrau **Krallen:** dunkel **Besonderheit:** In der Rasse steckt teilweise der Langhaarfaktor, es treten häufig Zahnmissbildungen auf.

Hasenkaninchen, rotbraun
Mittelgroße Normalhaar-Rasse

Gewicht: 2,5–3,5 kg, höchstens 4,25 kg **Körperbau:** lang gestreckt und schnittig, kaum Bauch, Rücken fein gewölbt, schlanker und eleganter Rumpf, hoch getragene Brust, abgerundete Lendenpartie; ähnelt dem Feldhasen **Kopf:** länglich, markant, edel geformt; Hals tritt deutlich in Erscheinung **Ohren:** lang, lackschwarz gerändert, gut aufgesetzt und sehr beweglich, gut behaart **Läufe:** lang und schmal, Vorderläufe 18–21 cm lang **Fell:** knapp mittellang und dicht **Deckfarbe:** kräftiges Rotbraun, flockige Schattierung auf dem Rücken **Zwischenfarbe:** leuchtend orangerot bis rostbraun **Unterfarbe:** blau **Augen:** dunkelbraun **Krallen:** schwarzbraun **Farbschläge:** weiß RA (Rote Augen), rotbraun, lohfarbig schwarz **Besonderheit:** sehr lebhaft, frohwüchsig

Roter Neuseeländer
Mittelgroße Normalhaar-Rasse

Gewicht: 3–4 kg, höchstens 5 kg **Körperbau:** breit, vorne und hinten gleich, allseits gut gerundet, walzenförmiger Rumpf, ebenmäßige Rückenlinie, voll ausgeprägte Brust- und Hinterpartie, kräftiger, kurzer Nacken, Hals kaum erkennbar **Kopf:** kurz und kräftig, breite Stirn und Schnauze, voll entwickelte Backen **Ohren:** mittellang, gut behaart, straff aufgerichtet **Läufe:** mittellang und kräftig **Fell:** ca. 3 cm lang, dicht, nicht zu fein **Deckfarbe:** glänzend sattrot am ganzen Körper, heller getönte Wildfarbigkeitsabzeichen (Augenringe, Kinnbackeneinfassung, Bauchfarbe, Innenseite der Läufe und Unterseite der Blume) **Unterfarbe:** ähnlich Deckfarbe und rein **Augen:** braun **Krallen:** dunkelhornfarbig **Anmerkung:** Weiße Neuseeländer bilden eine eigene Rasse.

Angora, weiß
Mittelgroße Langhaar-Rasse

Gewicht: 2,5–3,5 kg, höchstens 5,25 kg **Körperbau:** leicht gestreckt, gefüllte Flanken, walzenförmiger Rumpf, Hals und Nacken treten nicht in Erscheinung, gut gerundete Hinterpartie **Kopf:** kurz, breite Stirn und Schnauze **Ohren:** gut behaart, aufrecht getragen **Läufe:** mittellang und kräftig, die Wolle lässt sie kürzer erscheinen **Fell:** rasches Wachstum, gleichmäßig große Wolldichte am ganzen Körper **Fellfarbe:** rein weiß, schimmert elfenbeinfarbig **Unterwolle:** fein gekräuselt, seidenweich **Grannenflaum:** grob gewellt mit feiner Spitze **Grannenhaar:** stärkeres, glattes Haar mit kräftiger, glasartiger Spitze **Augen:** farblos, rot durchleuchtend **Krallen:** farblos **Besonderheit:** intensive Fellpflege nötig; eignet sich weniger für Außenhaltung

Sachsengold
Kleine Normalhaar-Rasse

Gewicht: 2,25–2,75 kg, höchstens 3,25 kg **Körperbau:** kurz und gedrungen, walzenförmiger Rumpf und ebenmäßige Rückenlinie, gut gerundete Hinterpartie, Hals und Nacken kaum sichtbar **Kopf:** kurz, breite Stirn und Schnauze, gut entwickelte Backen **Ohren:** kurz, breit, voll behaart, oben gut gerundet **Läufe:** verhältnismäßig kurz und kräftig **Fell:** 2,5–3 cm lang, dicht und weich **Deckfarbe:** leuchtendes, intensives Rotgelb, breit und rein, erstreckt sich über den gesamten Körper, etwas hellere Bauchpartie, cremefarbene Blumenunterseite **Unterfarbe:** etwas blasser als die Deckfarbe; gelbliche, satte Farbe **Augen:** braun **Krallen:** hornfarbig **Besonderheit:** sehr robust, frohwüchsig und fruchtbar, neigt zur Verfettung

Rhönkaninchen
Kleine Normalhaar-Rasse

Gewicht: 2,25–2,75 kg, höchstens 3,25 kg **Körperbau:** kurz und gedrungen, walzenförmiger Rumpf, von hinten bis vorn gleich breit, ebenmäßige Rückenlinie, Hinterpartie gut abgerundet **Kopf:** breite Stirn und Schnauze, ohne sichtbaren Hals am Körper angesetzt, gut ausgeprägte Kinnbacken **Ohren:** zur Form passend, gut aufgesetzt, an den Enden gut gerundet **Läufe:** kurz und kräftig **Fell:** mittellang, dicht und vollgriffig **Fellfarbe:** Aussehen erinnert an einen Birkenstamm, wobei die weiße Grundfarbe überwiegt **Zeichnung:** graue bis schwarzgraue Flecken, Streifen und Spritzer, die über den ganzen Körper verteilt sind **Augen:** braun **Krallen:** hornfarbig, entsprechend der Farbe der Läufe heller oder dunkler

Russe
Kleine Normalhaar-Rasse

Gewicht: 1,75–2,25 kg, höchstens 3 kg **Körperbau:** leicht gedrungen, walzenförmiger Rumpf, breite Brust- und Hinterpartie, ebenmäßige Rückenlinie, kein loses Brustfell **Kopf:** breit, gut entwickelte Backenpartie, beim Rammler Nasenrücken leicht geramst (wirkt eingedrückt) **Ohren:** dem Körper entsprechend, kurz und gut behaart, straff aufgerichtet **Läufe:** mittellang und zart **Fell:** mit 2–2,5 cm verhältnismäßig kurz, dicht und weich **Grundfarbe:** reines, leuchtendes Weiß, Abzeichen tiefschwarz; die Kopfzeichnung besteht aus Maske und farbigen Ohren und grenzt sich scharf von der Grundfarbe ab; die Rumpfzeichnung erfasst Vorderläufe, Hinterläufe und Blume **Augen:** farblos, stark rot durchleuchtend **Krallen:** dunkelbraun **Farbschläge:** schwarzweiß und blauweiß

Deilenaar
Kleine Normalhaar-Rasse

Gewicht: 2,25–2,75 kg, höchstens 3,25 kg **Körperbau:** kurz, gedrungen, walzenförmiger Rumpf, breite Brust- und Hinterpartie, gut gefüllte Flanken, Hals und Nacken nicht erkennbar **Kopf:** kurz, breite Stirn und Schnauze; beim Rammler kräftig entwickelte Kinnbacken **Ohren:** mit 9–11 cm verhältnismäßig kurz, voll behaart, kräftig schwarz gerändert **Läufe:** mittellang und kräftig **Fell:** ca. 3 cm lang, dicht **Deckfarbe:** leuchtendes, kräftiges Rotbraun, darüber breitet sich eine schwarze, flockige Schattierung; Kinn, Bauch und Blumenunterseite sind lohfarbig getönt **Zwischenfarbe:** rost- bis braunrot, klar abgegrenzt **Unterfarbe:** rein dunkelblau **Augen:** dunkelbraun **Krallen:** schwarzbraun **Besonderheit:** robust und frohwüchsig; die Häsinnen sind gute Muttertiere.

Marburger Feh
Kleine Normalhaar-Rasse

Gewicht: 2,2–2,75 kg, höchstens 3,25 kg **Körperbau:** leicht gedrungen, aber feingliedrig, nicht massig; walzenförmiger Rumpf, angemessen breite Brust- und Hinterpartie, ebenmäßige Rückenlinie, wenig sichtbarer Hals und Nacken **Kopf:** kurz, breite Stirn und Schnauze, gut ausgeprägte Kinnbacken beim Rammler **Ohren:** passend zum Körper, straff aufgerichtet, gut behaart **Läufe:** mittellang und feingliedrig **Fell:** nicht zu kurz, aber fein und gleichmäßig begrannt, dichte Unterwolle **Deckfarbe:** zart abgetöntes Lichtblau, erstreckt sich gleichmäßig über den gesamten Körper, darüber breitet sich ein bräunlicher Schleier **Unterfarbe:** entspricht der Deckfarbe **Augen:** blaugrau **Krallen:** hornfarbig bis dunkelhornfarbig

Deutscher Kleinwidder
Kleine Normalhaar-Rasse

Gewicht: 2,5–3 kg, höchstens 3,5 kg **Körperbau:** gedrungen, breite Schulterpartie, walzenförmiger Rumpf, ebenmäßige Rückenlinie, gut gerundetes Becken, kurzer, kräftiger Nacken, Hals nicht sichtbar **Kopf:** ausgeprägter Widderkopf, kurz, breite Stirn- und Schnauzenpartie, starke Kinnbacken, Nase geramst **Behang (Ohren):** 30–36 cm, treten aus den stark ausgeprägten Kopfwülsten hervor, hängen am Körper schlaff nach unten, Schallöffnung nach innen **Läufe:** stämmige Vorderläufe **Fell:** ca. 3 cm lang, dicht **Deckfarbe:** hasengrau, Abzeichen weiß bis cremefarbig **Zwischenfarbe:** rostbraunrot **Unterfarbe:** dunkelblau **Augen:** braun **Krallen:** dunkelhornfarbig bis schwarz **Besonderheit:** viele Farbschläge, frohwüchsig, große Würfe

Englische Schecke
Kleine Normalhaar-Rasse

Gewicht: 2–2,5 kg, höchstens 3,25 kg **Körperbau:** sportlich, deutlich gestreckter als andere kleine Rassen, sehr elegant, ebenmäßige Rückenlinie, gut abgerundete Hinterpartie, gut sichtbarer Hals **Kopf:** länglich, aber breite Stirn **Ohren:** fein, gut behaart und gerundet, straff aufgerichtet **Läufe:** mittellang und feingliedrig **Fell:** ca. 2,5 cm lang, dichte Unterwolle **Deck- und Unterfarbe:** rein weiß, Zeichnung schwarz und glänzend **Zeichnung:** Kopfzeichnung besteht aus Schmetterling, Augenringen, Backenpunkten und Ohrenzeichnung; Rumpfzeichnung aus Aalstrich, den beidseitigen Ketten und den Seitenflecken **Augen:** braun **Krallen:** farblos **Farbschläge:** schwarzweiß, thüringerfarbigweiß, blauweiß und dreifarbig

Weißes Hotot
Zwergrasse, Normalhaar

Gewicht: 1,1–1,35 kg, mindestens 1 kg, höchstens 1,5 kg **Körperbau:** kurz und gedrungen, rundlich kompakt, walzenförmiger Rumpf, Hals und Nacken nicht sichtbar **Kopf:** im Verhältnis zum Körper relativ groß und dick; kurze, breite Stirn und Schnauze, stark gebogenes Stirnbein, deutliche hervortretende Augenpartie, breites Nasenbein (Bollenkopf und Froschmaul) **Ohren:** Ideallänge 5,5 cm, eng beieinanderstehend, straff aufgerichtet, gut behaart **Läufe:** kurz, Vorderläufe gerade, Hinterschenkel liegen gut am Rumpf an **Fell:** kurz; weiche, dichte Unterwolle **Deck- und Unterfarbe:** rein weiß mit gutem Glanz, tiefschwarze Augenringe ohne Zacken **Augen:** dunkelbraun **Krallen:** farblos **Besonderheit:** Zwergrassen leiden häufig unter Zahnfehlstellungen.

Satin-Elfenbein
Haarstruktur-Rasse, mittelgroß

Gewicht: 2,5–3,25 kg, höchstens 4 kg **Körperbau:** leicht gedrungen, aber nicht plump; breiter, nicht verjüngter Rumpf, Hals nicht sichtbar, ebenmäßige Rückenlinie, gut abgerundete Hinterpartie **Kopf:** kurz und breit, aber nicht so kräftig ausgeprägt wie bei den gedrungenen Rassen, Nasenlinie leicht geramst **Ohren:** passend zum Körperbau, an den Enden abgerundet **Läufe:** knapp mittellang und kräftig **Fell:** 2,5–2,8 cm lang, sehr dicht und weich, seidig glänzend **Deck- und Unterfarbe:** am ganzen Körper intensiv elfenbeinfarbig **Augen:** blassrot oder blau **Krallen:** farblos **Farbschläge:** zum Beispiel satinblau, satinschwarz, satin-castor, satin-hasenfarbig **Besonderheit:** sehr frohwüchsig; Rammler häufig mit missgebildeten Penissen

Castor-Rex
Kurzhaar-Rasse, mittelgroß

Gewicht: 2,5–3,5 kg, höchstens 4 kg **Körperbau:** leicht gestreckte, harmonisch wirkende Form; aufgrund des kurzen Haares tritt der Körperumriss schärfer in Erscheinung; Schulter gut bemuskelt, Hinterpartie gut gerundet **Kopf:** erscheint länger als bei Normalhaar-Rassen; kräftige Backen, breite Stirn und Schnauze **Ohren:** erscheinen ebenfalls länger, sind gut behaart und straff aufgerichtet **Läufe:** mittellang und kräftig **Fell:** dicht, in Rückenmitte ca. 1,7–2 cm lang **Deckfarbe:** glänzendes, rötliches Kastanienbraun, darüber breitet sich ein feiner dunkler Schleier **Zwischenfarbe:** leuchtend rostbraun, deutlich von der Unterfarbe abgegrenzt **Unterfarbe:** dunkelblau **Augen:** dunkelbraun **Krallen:** dunkelbraun **Besonderheit:** sehr vital

Dalmatiner-Rex
Kurzhaar-Rasse, mittelgroß

Gewicht, Körperbau, Kopf, Ohren, Läufe und Fell: entsprechen Castor-Rex **Grund- und Unterfarbe:** glänzend und rein weiß, Punktscheckung schwarz **Kopfzeichnung:** symmetrisch und aufgelockert, das gilt auch für Schmetterling und Augenringe; Punktscheckung ungleichmäßig über den Kopf verteilt, Schnauzenpartie punktförmig gezeichnet **Rumpfzeichnung:** typische Dalmatinerzeichnung; der Aalstrich ist in unregelmäßige Punkte aufgelöst, als idealer Durchmesser gelten 1,5–3,5 cm; Punkte stehen frei und bilden keine Farbflächen **Augen:** braun **Krallen:** farblos (weiß) **Farbschläge:** schwarzweiß, sepiabraunweiß und Dreifarbenscheckung (schwarz-gelb-weiß)

Wie Kaninchen wohnen wollen

Ein geräumiges, abwechslungsreich gestaltetes Zuhause, täglich Freilauf und Ausflüge in die Natur, dazu Kumpels für Spiel und Gespräche – mehr brauchen Langohren nicht zu ihrem Glück.

Der beste Platz für ein glückliches Leben

Wo würden Sie lieber wohnen, wenn Sie die Wahl hätten: in einer engen Einzimmerwohnung oder einem geräumigen Haus? Ihre Kaninchen sehen das genauso. Sie wünschen sich ein Zuhause, in dem sie sich rundum wohl, und geborgen fühlen.

REIN ODER RAUS? Das ist die erste Frage, die Sie klären müssen. Schon vor der Anschaffung der Kaninchen sollten Sie sich Gedanken darüber machen, wo und wie Sie den Familienzuwachs artgerecht unterbringen.

Zwerge und Riesen

Auch Kaninchenbabys werden einmal groß. Leider wachsen sie oft schneller, als es ihrem Besitzer lieb ist. So manches süße Fellbündel, das man als Zwergkaninchen gekauft hat, entpuppt sich plötzlich als Angehöriger einer Riesenrasse. Hat man genug Platz und ist zu Kompromissen bereit, spricht auch hier nichts gegen die Innenhaltung. Zwerge sind Miniaturausgaben ihrer großen Vettern und beanspruchen lediglich etwas weniger Raum. Ansonsten aber sind die Ansprüche gleich. Es ist ein weitverbreiteter Irrtum, dass kleine Tiere weniger Arbeit machen.

Viel Platz zum Hoppeln

Auch wenn Sie sich nicht für die größte Rasse entschieden haben, sollten Sie den Kaninchen die Käfighaltung ersparen. Leider sind die meisten handelsüblichen Käfigmodelle für einen »Doppelpack Langohren« zu klein. Kaninchen brauchen Platz zum Hoppeln, Sprinten und Toben. Mindestens zwei bis drei Quadratmeter pro Tier sollten es schon sein, dazu kommt natürlich noch der tägliche Auslauf. Der Tag eines Heimtiers besteht nicht nur aus den Stunden, die sein Halter mit ihm teilen kann. Kaninchen sind außerordentlich bewegungsfreudig und brauchen ein Umfeld, in dem sie sich auch während der Abwesenheit ihres Menschen wohlfühlen. Die Langohren danken es Ihnen mit ihrer ansteckend wirkenden Lebenslust und einem zutraulichen und munteren Wesen.

Deutsche Riesen: Schon in wenigen Wochen wird das Jungtier so groß wie seine Mama sein. Stolze sieben kg kann es dann schon auf die Waage bringen und später noch einiges zulegen.

◀ *Hoppelecke: Ein großes Käfigunterteil – aufgepeppt mit einem Etagenbrett und einer kleinen Überdachung – schafft gemütliche Plätzchen für die Langohren.*

Freilauf oder Gehege?

Für die artgerechte Wohnungshaltung gibt es zwei Möglichkeiten: den uneingeschränkten Zimmerauslauf oder das Zimmergehege.

Auslauf im Zimmer

Genügend Bewegungsfreiheit ist der Traum aller Langohren. Wählen Sie dafür einen Raum, der sich ohne allzu viel Aufwand zur Kaninchensuite umfunktionieren lässt. Empfindliche Teppiche und teure Möbel sind natürlich unangebracht, aber Sie sollten auch nicht völlig auf Ihre eigene Behaglichkeit verzichten. Meist findet sich ein guter Kompromiss für beide Seiten. Richten Sie den neuen Hausfreunden eine »Hoppelecke« als Futter- und Schlafplatz ein. Dazu eignen sich zum Beispiel im Fachhandel erhältliche Kotwannen, alte Käfigunterteile

oder größere Unterbettkommoden aus Kunststoff. Wir haben eine alte Kindersandkiste aus Plastik zweckentfremdet. Diese muschelförmige Hoppelecke ist ein echter Hingucker.

Daran sollten Sie denken Selbst wenn die Tiere stubenrein sind, muss man ab und zu mit Missgeschicken auf dem Teppich rechnen. Dem Anknabbern der Möbel können Sie mit gesundem Nagematerial vorbeugen, Kratzspuren an der Tapete sollten großzügig als moderne Kunst abgehakt werden. Unterschätzen Sie auf keinen Fall die überall lauernden Gefahren. Unsere Checkliste (→ rechte Seite) hilft Ihnen dabei, das Zimmer kaninchensicher zu machen.

Zimmergehege

Ein großzügiges Gehege bietet eine gute Alternative zum Zimmerfreilauf. Absperrungen grenzen Gefahrenquellen aus, trotzdem haben die Mümmelmänner genügend Bewegungsraum. Einigen Tierhaltern erscheint diese Art der Unterbringung jedoch zu unsicher. In ihren Köpfen geistert leider immer noch das Bild vom kompakten Käfig herum, in den man die Kaninchen bei Bedarf wegsperren kann. Um auch schwergewichtigen Langohren im Innenbereich möglichst viel Platz zu bieten, ohne die Sicherheit zu vernachlässigen, möchte ich Ihnen einen Kompromiss ans Herz legen: Verwenden Sie einfach ein Freilaufgehege mit Abdeckung aus dem Außenbereich. Kombiniert mit einem Auslauf ergibt sich so selbst für zwei größere Kaninchen ein durchaus akzeptables Hoppelareal.

Käfigersatz Der Fachhandel bietet ein geeignetes rechteckiges und verzinktes Freilaufgehege mit Gitterabdeckung an, das sich mittels Stangen und Ösen innerhalb weniger Minuten aufbauen lässt. Mit seiner Größe von 216 x 116 x 65 cm erinnert es an ein gigantisches Käfigoberteil und erfüllt damit sowohl die praktischen als auch die optischen Ansprüche des Halters. Das Gehege hat zwei große, nach oben aufklappbare Türen im Dach, zwei kleine Falltüren zum Andocken eines Kleintierhauses und eine große Tür auf der Schmalseite. Leider ist für dieses Modell noch kein Nylonboden erhältlich, aber durch das Aus- und Einhaken eines Seitenteils lässt sich leicht eine Hoppelecke integrieren und zur leichten Reinigung auch wieder entnehmen.

Auslauf Zur Absperrung des Auslaufs bietet der Fachhandel unterschiedliche Varianten aus Metall oder Holz an. Mit Marke Eigenbau können Sie sogar eine farblich zur Einrichtung passende Umzäunung bauen.

CHECKLISTE

Gefahren beim Zimmerfreilauf

Der Wohnungsauslauf bietet Ihren Kaninchen Bewegung und Beschäftigung, birgt aber auch Risiken. Diese Gefahrenquellen sollten Sie ausschalten:

- ○ Freiliegende Stromleitungen in Kabelkanälen verlegen

- ○ Giftige Zimmerpflanzen entfernen

- ○ Türen vorsichtig öffnen und schließen, damit kein Tier eingeklemmt wird oder ausbüxt. Eventuell Warnschild anbringen: »Vorsicht, Langohren auf Freigang!«

- ○ Putzmittel, Medikamente und Nahrungsmittel unter Verschluss halten

- ○ Scheren, Messer und andere spitze und scharfe Gegenstände entfernen

- ○ Bänder, Gürtel, Leinen wegschließen, weil sich die Tiere in ihnen verheddern können

- ○ Heiße Öfen, Herdplatten, offenes Feuer sichern, um Verbrennungen zu vermeiden

- ○ Kaninchen nie unbeaufsichtigt auf Tischen und anderen erhöhten Plätzen laufen lassen (Absturzgefahr)

- ○ Andere Haustiere möglichst fernhalten

- ○ Bewegen Sie sich während des Freilaufs vorsichtig, um nicht auf ein Tier zu treten

- ○ Fenster geschlossen halten

Meine Empfehlung Ein mobiles und verzinktes Achteck-Freigehege mit 80 x 75 cm großen Einzelelementen. Inklusive Netz- und Sonnenschutz eignet es sich auch für den Gartenfreilauf und erspart zusätzliche Investitionen.

Tipp Für die Springweltmeister unter den Langohren gibt es höhere Gehege.

Kombi-Wohnanlage Das rechteckige Gehege bildet die »Homebase« Ihrer ein, ist erweiterungsfähig, variabel platzierbar und kann bei Bedarf schnell und platzsparend weggeräumt werden.

Kombi-Vorteile Selbst wenn die Kaninchen einmal kurzzeitig auf den Auslauf verzichten müssen, bieten die 2,5 m^2 Grundfläche des rechteckigen Freilaufs immer noch mehr Platz als handelsübliche Käfige. Aufgrund der Höhe ist zudem der Einbau von Etagen möglich und Unterschlupfe lassen sich zusätzlich andocken. Für den Daueraufenthalt ist das Gehege allerdings nicht gedacht.

WUSSTEN SIE SCHON, DASS …

… Kaninchen die Mathematik beeinflusst haben?

Der italienische Mathematiker Leonardo von Pisa, besser bekannt als Fibonacci, entdeckte die Fibonacci-Zahlenfolge, als er sich mit der Vermehrung der Kaninchen beschäftigte. Er nahm an, dass jedes Kaninchenpaar ein Paar der Folgegeneration und eines der übernächsten Generation hervorbringt und so fort. Das ergibt die Zahlenfolge 1, 1, 2, 3, 5, 8, 13, 21, 34, 55 usw., bei der jede Zahl immer die Summe der beiden vorherigen Zahlen ist.

Kaninchen und gehört in die Ecke oder zumindest an die Wand, denn die Langohren lieben dunkle Höhlen. Kaninchen sind sehr hitzeempfindlich, die Nähe eines Heizkörpers und direkte Sonneneinstrahlung sind daher tabu. Frischluft tut gut, doch Zugluft ist gefährlich. Durch die große Tür können die Tiere jederzeit in den Auslauf. Die Tür öffnet sich zur Seite, sodass die Bewohner nicht über gefährliche Gitter klettern müssen. Die 8 cm hohe »Türschwelle« stellt kein Hindernis dar. Das Achteck-Freigehege grenzt den Auslauf sicher

Die Basics der Wohnungseinrichtung

Die Grundausstattung der Kaninchenvilla ist ein Muss. Sie sorgt dafür, dass sich Ihre Langohren richtig wohlfühlen.

Einstreu Geeignet sind handelsübliche, staubfreie und saugfähige Einstreu und Stroh. Bewährt hat sich eine Kombination von beidem: unten Einstreu, oben Stroh. Der Urin wird nach unten abgeleitet, die Deckschicht bleibt länger trocken. Pelleteinstreu bindet zwar die Feuchtigkeit gut, ist aber zu hart für die

Für Kaninchen, die in der Wohnung leben,
ist ein **großzügiges Zimmergehege** der richtige
Platz zum Herumtoben und Spielen.

Kaninchenfüße und kann zu Ballener-
krankungen führen. Die Pelleteinstreu
muss mit einer dicken Lage Heu oder
Stroh überdeckt werden. Völlig ungeeignet ist Katzenstreu. Sie verklumpt im
Magen, wenn die Tiere davon fressen.

Untergrund Einen empfindlichen Teppichboden schützen Sie am besten mit
einer wasserdichten Folie, darüber legt
man Reis- oder Maisstrohmatten. Billige
Auslegware mit kurzem Flor ist ebenfalls geeignet. Die Ränder müssen aber
außerhalb des Auslaufs liegen, weil sie
sonst zum Anknabbern verführen. Flie-
senböden lassen sich sehr leicht sauber
halten, sind aber zu glatt und kalt für
zarte Kaninchenpfoten. Einzelne Fliesen
mögen die Hoppel jedoch. Sie fördern
den Krallenabrieb und verschaffen im
Sommer Kühlung.

Toilette Kaninchen können stubenrein
werden (→ Seite 101). Der Fachhandel
bietet verschiedene Varianten für das
stille Örtchen an. Eine Toilette mit
Kunststoffhaube sorgt dafür, dass die
Einstreu nicht herausfliegt.

Häuschen Auch bei Indoorhaltung
brauchen die Tiere Zufluchtsorte. Jedes
hat Anspruch auf ein eigenes Domizil.
Fertighäuschen gibt es in unzähligen Varianten, man kann sie aber auch leicht
selbst basteln. Häuschen mit einem
Flachdach dienen gleichzeitig als Aussichtsplattform. Auch stabile und ungefärbte Kartons mit mindestens zwei
Luken sind geeignet. Da sie aber meist
sehr schnell angeknabbert werden, muss
man sie ab und zu ersetzen.

Tränken Täglich frisches Trinkwasser ist
ein Muss. In einer Nippeltränke bleibt es
länger sauber. Im Fachhandel kann man
zwischen Tränken mit Kugelventil und
Stempel wählen. Modelle mit Ventil
können nicht auslaufen, geben aber das
Wasser nur tröpfchenweise ab. Bei der
Stempel-Technik müssen die Kaninchen
den Stempel mit der Nase hochdrücken,
damit das Wasser läuft. Die abgegebene
Flüssigkeitsmenge ist größer, allerdings
geht auch manchmal etwas daneben. Alternativ können Sie eine standfeste und
kippsichere Wasserschale verwenden. Sie
sollte leicht erhöht oder auf einer Fliese
stehen, damit sie nicht schon nach kurzer Zeit verschmutzt.

Futternäpfe Auch Futternäpfe brauchen
Standvermögen, die Modelle aus Kunst-

*Mini-Heuwagen:
ein origineller und
gleichzeitig aber
auch praktischer
Heuspender.*

stoff sind meist zu leicht. Die beste Wahl sind Schüsseln aus Ton oder Keramik, die selbst dann stehen bleiben, wenn ein schwergewichtiges Kaninchen den Kipptest probt.

Heuraufen Heu ist das Grundfutter der Kaninchen und wird meist in Raufen aus Metall, Holz oder Kunststoff angeboten. Viele Modelle lassen sich einfach am Gehegegitter einhaken. Empfehlenswert sind teilgeschlossene Raufen, die man von außen einhängt. Sie beanspru-

chen keinen Platz im Innenraum, lassen sich leicht nachfüllen, und es fällt kein Heu daneben. Die Kaninchen müssen die Halme durchs Gitter ziehen und sich so ihr »täglich Brot« selbst verdienen. Ein optischer Blickfang für den Auslauf sind Holzkrippen und Heuwagen. Auch ein Weidenkorb sieht toll aus und darf dazu noch unbesorgt angeknabbert werden. Stöbern Sie doch einmal auf Ihrem Dachboden oder einem Flohmarkt nach originellen Heuspendern.

Das Wohlfühlparadies: Auch die größten und schwersten Hoppelmänner haben hier ausreichend Platz zum Spielen, Toben und Relaxen.

Frischluft schnuppern

Ein Spaziergang an der frischen Luft ist für Kaninchen ein echtes Erlebnis. Er regt die Sinne an, weckt die Lebensgeister und vermittelt garantiert auch heimatliche Gefühle. Gönnen Sie Ihren Langohren dieses Vergnügen so oft wie möglich.

NICHTS IST SCHÖNER als ein Ausflug in die Natur. Auch wenn Ihre Langohren genug Platz in der Wohnung haben, sehnen sie sich nach ein bisschen Freiheit. Sie werden Ihre Hoppel von einer ganz anderen Seite erleben. Ausgelassenes Herumgetolle, kuriose Luftsprünge, Haken schlagen – das ist Lebenslust pur und lässt Ihnen das Herz aufgehen.

Urlaub auf Balkonien

Wer keinen Garten hat, kann seinen Kaninchen mit einem Trip auf den Balkon Abwechslung bieten. Frische Luft und freier Blick – Ihre Racker werden es genießen. Den Balkon kaninchensicher zu machen, ist nicht sehr aufwendig, und dann können Sie Ihren Tieren Ausgang genehmigen, so oft das Wetter es erlaubt. Auch als Dauerwohnsitz eignet sich der Balkon. Mieter sollten aber zuvor die Erlaubnis des Eigentümers einholen.

Tagesausflüge

Lebensversicherung Das Balkongeländer muss gesichert sein! Ein vorwitziges Langohr quetscht sich durch die winzigsten Löcher und Öffnungen. Gut eignet sich kleinmaschiger Gitterdraht. Bei einer Stärke von mindestens 1,2 mm ist er auch ausreichend »bissfest«.

Gardinendach Vergessen Sie nicht, dass einige Kaninchen begnadete Springer sind und das Inventar als zusätzliches Sprungbrett benutzen. Eine Abdeckung des Auslaufs entledigt Sie aller Sorgen. Ein Katzennetz oder eine alte Gardine schützen gleichzeitig vor Greifvögeln.
Sonnen- und Windschutz Ein Teil des Auslaufs sollte überdacht sein. Sorgen Sie für ein schattiges, gut durchlüftetes Plätzchen. Manchmal reicht schon ein Bettlaken zwischen Brüstung und Hauswand. Balkone auf der Nordseite sind oft sehr zugig. Eine windgeschützte Ecke schützt vor Erkältungen.
Bodenbelag Geflieste oder betonierte Balkonböden sind zu kalt und glatt für tapsige Hasenfüße. Einstreu, Stroh oder Rindenmulch wäre die Deluxe-Variante,

> TIPP
>
> ### Öko-Rasenmäher
>
> Kaninchen eignen sich ganz hervorragend als biologische Rasenmäher. Es ist unglaublich, welche Unmengen an Grünzeug die Mümmelmänner in kürzester Zeit vertilgen können. Sie sind umweltfreundlich, machen keinen Lärm, verbrauchen weder Benzin noch Strom, und die Düngung gibt es gleich gratis dazu.

was Sie den Besitzern des Balkons darunter aber besser nicht zumuten sollten. Strohmatten oder Teppichboden sind eine akzeptable Lösung, zur Not tut es auch Pappe. Den Unterschlupf polstert man mit Heu aus.

Balkonmöbel Wenn Ihre Kaninchen viele Stunden oder ganze Tage Urlaub auf dem Balkon machen, sollten die wichtigsten Basics mit nach draußen umziehen (→ Seite 36). Selbst bei kurzen Stippvisiten braucht jedes Tier sein eigenes Häuschen. Nicht vergessen: immer für frisches Wasser sorgen!

Gefahr erkannt Beobachten Sie Ihre Kaninchen bei den ersten Balkontouren. So erkennen Sie eventuelle Gefahrenquellen sehr schnell und können sie beseitigen, bevor es ein Malheur gibt.

Dauerwohnung auf dem Balkon

Wer seine Hoppeltruppe für mehrere Monate oder übers ganze Jahr auf dem Balkon einquartieren möchte, muss ein paar Zusatzmaßnahmen vornehmen, vor allem in puncto Sicherheit.

▸ Zusätzlich zur Drahtsicherung der Seitenwände ist Schutz von oben nötig. Stabiler Gitterdraht (Maschenweite ca. 16 x 16 mm) lässt Mardern, Katzen und anderen unliebsamen Besuchern keine Chance.

▸ Südbalkone können zur Hitzefalle werden. Als luftige Schattenspender eignen sich Sonnensegel. Sie lassen sich variabel aufspannen und beeinträchtigen die Luftzirkulation nicht.

▸ Ein Teil des Auslaufs sollte wetterfest überdacht sein. Ein bisschen Regen schadet nicht, aber die Tiere müssen sich an ein trockenes, windgeschütztes Plätzchen zurückziehen können.

▸ Die Schlafhütte sollte auch Minusgraden trotzen (→ Seite 46).

▸ Wer Einstreu verwenden will, sollte im überdachten Teil eine ca. 20 cm hohe Holzeinfassung anbringen. Sie verhindert, dass die Streu über den ganzen Balkon verteilt wird.

▸ An den Wechsel der Jahreszeiten gewöhnen sich Ihre Langohren in der Regel ohne Probleme (→ Seite 47).

▸ *Kombinationsbau: Zwei Achteck-Freigehege lassen viel Spielraum für eine fantasievolle Einrichtung. Hier findet auch ein geräumiges Holzhaus mit Veranda Platz.*

2 Doppeleffekt Fliesen sorgen in der Mittagshitze für wirkungsvolle Abkühlung. Über den Tag heizen sie sich dann langsam auf und bieten den Kaninchen in den kühleren Abendstunden ein warmes Plätzchen.

1 Heuraufe Warum nicht etwas Originelles? Hier hat ein alter Geschirrständer noch eine sinnvolle Verwendung gefunden.

3 Sonnensegel Als Hitzeschutz ist ein Sonnensegel ideal. Es lässt sich überall aufstellen und behindert die Luftzirkulation nicht.

Mobiles Freigehege

Im Fachhandel findet man viele mobile Freigehege, die den unkomplizierten Ausflug in die Natur erlauben. Praxisgerecht sind erweiterungsfähige Stecksysteme, die sich einfach und schnell auf- und abbauen lassen. Metallgitter, wie der für den Innenbereich empfohlende Achteck-Freilauf (→ Seite 36), werden in verschiedenen Ausführungen angeboten. Sie können sich auch für ein Gehege aus Holzelementen entscheiden, auf Wunsch mit passendem Häuschen. Eine feste Abdeckung sorgt für Sicherheit. Mit ein bisschen handwerklichem Geschick gestalten Sie den Freilauf ganz nach Ihren eigenen Ideen. Einfachste Variante: einzelne Holzrahmen mit Gitterdraht bespannen und durch Haken und Ösen verbinden.

Darauf sollten Sie beim Freigang Ihrer Langohren achten:

▸ Gewöhnen Sie die Tiere langsam ans Grünfutter, um Verdauungsprobleme zu vermeiden (→ Kapitel 4).
▸ Mobile Freigehege sind nur für einen stundenweisen Aufenthalt gedacht. Sie bieten in der Regel keinen Schutz vor natürlichen Feinden.
▸ Wählen Sie fürs Gehege einen Standort, den Sie immer im Blick haben.
▸ Denken Sie an den Schattenspender!
▸ Eine Netzabdeckung hält Feinde aus der Luft (Greifvögel) ab.
▸ Vergessen Sie nicht, das Gehege regelmäßig umzusetzen. Ihre Langohren verdrücken eine Menge Grünzeug. Erscheint ihnen das Gras außerhalb des Geheges verlockender, buddeln sich so manche Hoppel im Schnellgang unter dem Gitter hindurch.

◀ *Eine mehrstöckige Hoppelburg aus Holzstämmen und Tannengrün.*

miteinander und schafft so mehr Platz für die Tiere. Ställe einfach zusammen-schrauben und mit der Stichsäge den Durchbruch schaffen. Die Nachtunterkunft wird mit Stroh und Heu ausgelegt, die übrige Einrichtung entspricht den Basics fürs Zimmer (→ Seite 36). **Info** Denken Sie auch an zweibeinige Übeltäter. Ein Vorhängeschloss am Stall ist empfehlenswert. Ich kenne einige Fälle von Kaninchendiebstahl.

Unser Maxi-Freigehege

Unsere Kaninchen können sich auf über 1000 m² austoben, die sie in drei Abschnitten nacheinander nutzen. So ist gewährleistet, dass immer genügend Gras nachwächst und keine Langeweile aufkommt. Für den schnellen Auf- und Umbau nehmen wir leicht umgestaltete Estrichmatten aus dem Baumarkt, die durch dünne Eisenstäbe verbunden werden. Es ist keine perfekte Lösung, da sich die Hoppel unter dem Zaun durch-graben können. Solange es aber genug zu futtern gibt, sind Ausbruchsversuche die Ausnahme. Ihren Buddeltrieb können die Langohren an aufgeschütteten Erdhügeln ausleben. Dort wird immer eifrig gegraben und das eine oder andere Langohr hat auch schon im eigenen Bau übernachtet. Die Bäume innerhalb der Umzäunung bieten Schutz vor Greifvögeln. Natürlich stehen auch die langohrigen Wächter immer parat. Das Frühwarnsystem funktioniert ausgezeichnet, und bei drohender Gefahr verschwindet die gesamte Mannschaft in wenigen Sekunden in einem der vielen Unterschlupfe.

Freigehege im Großformat

Für ein XXL-Freigehege in Kombination mit einer festen Schlafunterkunft brauchen Sie natürlich einen großen Garten. Vorteil: Man kann eine größere Fläche einzäunen und muss das Gehege nicht ständig versetzen. Die Mobilität bleibt trotzdem erhalten. Das Nachtdomizil liegt im Zentrum, der Freilauf wandert rundum. Es gibt immer neue Futterflächen und der große Aktionsradius sorgt für viel Abwechslung. Wenn das Nachtquartier wetterfest und vor Feinden geschützt ist, dürfen die Hoppel hier in den Sommermonaten unbesorgt campen. Der Fachhandel bietet praktische Außenställe an, die aber leider für die größeren Rassen zu klein sind. Wer nicht selbst bauen will, verbindet zwei dieser Ställe mit wenigen Handgriffen

Absoluter Favorit unserer Kaninchen und Meerschweinchen ist eine mehrstöckige Burg, die wir jedes Jahr neu aus reinen Naturstoffen errichten (→ Foto Seite 42). Die Innenausstattung muss ständig erneuert werden, weil die Tiere das Inventar zum Fressen gern haben.

Mit Liebe und Fantasie

Ein Gehege unter freiem Himmel ist für Mümmelmänner das Größte. Doch die Begeisterung lässt bald nach, und neue Herausforderungen sind gefragt. Auch hier müssen die Tiere Gelegenheit zum Turnen, Spielen und Lernen haben. Lassen Sie Ihrer Kreativität freien Lauf! Gut geeignet sind Naturstoffe, denen Wind und Wetter nichts anhaben können.

▶ Ein ausgehöhlter Baumstamm lädt zum Balancieren und Verstecken ein.
▶ Eine Treppe aus Backsteinen verhilft zu besserer Aussicht.
▶ Aufgetürmte Steine animieren zum Klettern und fördern den Abrieb der Krallen.
▶ Ein Unterschlupf aus Dachziegeln wird gerne angenommen.
▶ In einem aufgeschütteten Erdhügel dürfen Ihre Racker nach Herzenslust graben und buddeln.
▶ Frische Zweige und Äste sind immer eine willkommene Abwechslung – zuerst als Versteck, dann als köstliche Zwischenmahlzeit.

Mein Tipp Dekorieren Sie doch das Freigehege öfter einmal um. Das schafft Abwechslung und weckt die Neugier.

MEIN HEIMTIER

Draufgänger oder Angsthäschen?

Jedes Kaninchen hat individuelle Charaktereigenschaften. Ob Ihre Hoppel zu den mutigen Draufgängern gehören oder sich lieber zurückhalten, können Sie ganz leicht testen. Setzen Sie die Tiere in ein neues Freigehege und beobachten Sie ihr Verhalten.

Der Test beginnt:

○ Welches Langohr überwindet seine Scheu und traut sich als Erstes an den Futternapf?
○ Wer verschwindet sofort im Häuschen und kommt erst nach den anderen heraus?
○ Welche neuen Bewohner fühlen sich von Anfang an wohl und tollen übermütig herum?
○ Wer ist mutig genug, um sich auf die noch fremde Aussichtsplattform zu wagen?
○ Welches Schlitzohr untersucht die neue Unterkunft sofort nach Schlupflöchern?

Mein Testergebnis:

Das ganze Jahr draußen

Sie möchten, dass Ihre Kaninchen gesund und zufrieden sind? Dann schaffen Sie den Langohren eine Umgebung, die ihrem ursprünglichen Lebensraum möglichst nahekommt und wo sie fast wie ihre wilden Verwandten leben können.

GANZJÄHRIGE AUSSENHALTUNG ist das Zauberwort, mit dem man jedes Langohr glücklich macht. Nach Herzenslust herumtoben, springen, buddeln, graben und nagen – Kaninchenherzen lassen sich ganz leicht erobern.

Wunschtraum oder Realität?

Eine Gruppe von Kaninchen das ganze Jahr über draußen halten: Lässt sich das überhaupt realisieren? Ist das auch für Einsteiger machbar? Damit nichts schief läuft und Sie Ihren guten Willen und Ihr Engagement nicht schon bald bereuen, sollten Sie vorab diese Punkte bedenken:

TIPP

Baugenehmigung einholen

Für größere Baumaßnahmen brauchen Sie auch auf dem eigenen Grundstück zum Teil die Genehmigung der Gemeinde. Erkundigen Sie sich vor Baubeginn, um späteren Ärger zu vermeiden. Sprechen Sie auch mit den Nachbarn, da sich vor allem im Sommer eine Geruchsbelästigung nicht immer ausschließen lässt.

Standort Ein Gartengelände ist für die Außenhaltung von Kaninchen ideal. Aber sind Sie auch bereit, einen Teil des Gartens für zehn oder mehr Jahre den Mümmelmännern zu opfern?

Baufinanzierung Ganz billig wird das Kaninchenprojekt nicht. Es muss Platz für mehrere Tiere bieten, da Langohren in Außenhaltung möglichst in einer größeren Gruppe leben sollten, um sich im Winter gegenseitig wärmen zu können. Das Bauwerk ist Wind und Wetter ausgesetzt und soll einige Jahre halten. Am Material sparen darf man daher nicht.

Unterhalt Auch wenn die Baufinanzierung steht: Die laufenden Kosten, zum Beispiel für Futter und Einstreu, darf man bei einem großen Gehege mit vielen Tieren nicht unterschätzen.

Arbeitsaufwand Fälschlicherweise wird oft angenommen, dass Außenhaltung einfacher und unkomplizierter ist als Wohnungshaltung. Tatsächlich aber verlangen Füttern und Reinigen mehr Zeit. Im Sommer muss man Frischfutterreste sofort entsorgen und das Trinkwasser öfter wechseln. Und bei grimmiger Kälte kann das »Ausmisten« schon ziemlich lästig sein.

Kaninchen-Sitter Ein Außengehege wird fest installiert und lässt sich nicht einfach wie ein Käfig bei Ihren Freunden unterstellen. Wer versorgt die Tiere, wenn Sie im Urlaub oder krank sind?

Stammgäste: In diesem großzügigen Außengehege dürfen unsere Langohren das ganze Jahr über wohnen.

Beste Unterhaltung inklusive

Ist Ihr Außengehege endlich bezugsfertig, sind alle Mühen vergessen. Sie haben den Hoppeln ein Stück Natur und Freiheit gegeben und erleben im Gegenzug, wie ungezwungen und aktiv sich Kaninchen verhalten, wenn man sie denn lässt. Meine Familie sitzt an manchen Abenden vor dem Freigehege statt vor dem Fernseher und oft gesellen sich auch die Nachbarn dazu. Unsere Langohren haben einen hohen Spaß- und Unterhaltungswert.

Dauerdomizil im Freien

Mit dem ganzjährigen Außengehege bieten Sie den Kaninchen eine Erlebniswelt, die ihrer ursprünglichen Heimat nahekommt. Was aber muss man bei Planung und Bau alles beachten?

Bautyp Unser begehbares Gehege (→ Foto oben) hat Quaderform und ein leicht abfallendes Flachdach. An zwei Seiten bieten Bretterwände guten Windschutz. Beliebt sind auch die sogenannten Pyramidengehege, die aber eher einem Einmannzelt ähneln. Ihr Vorteil: Auf dem Dach bleibt weder Laub noch Schnee liegen.

Größe Bitte nicht zu klein bauen! Vielleicht wächst die Hoppelfamilie später noch. Für drei bis vier Kaninchen plant man ca. 8 m² ein. Vor allem im Winter brauchen die Langohren viel Bewegungsfreiheit, um sich warm laufen zu können. Ausreichende Höhe erlaubt den Einbau von zusätzlichen Etagen und erleichtert die Reinigung.

Schöner wohnen

▶ **1** **Luxusvilla** Die Schutzhütte bietet auch im Winter ein gemütliches Plätzchen. Ob Einzelzimmer, Appartement oder Mansarde – hier wohnt jedes Kaninchen nach Wunsch.

▶ **2** **Buddelspaß** Eine große Sandkiste lädt zum Buddeln und Graben ein und beugt unerwünschten Tunnelarbeiten an anderen Stellen vor.

▶ **3** **Fitness-Futter** Die Futterwand lockt mit zahlreichen Leckerbissen, nach denen sich die Tiere tüchtig strecken müssen.

Standort Am besten ein Sonnenplätzchen, das teilweise im Schatten liegt. In unserem Gehege steht ein großer Baum, der auch vor Regen und Schnee schützt. Bei einem Standort in Hausnähe kann man die Tiere beobachten und erspart sich im Winter und bei schlechtem Wetter den Weg durch Schnee und Matsch.

Sicherheit Das Gehege muss ein- und ausbruchssicher sein. Ober- und Unterseiten bitte nicht vergessen: Kaninchen sind Weltmeister im Tunnelbau und landen beim Buddeln schnell auf der falschen Zaunseite. Ein kleinmaschiges, bissfestes Drahtgeflecht schützt zuverlässig auch vor Katzen, Mardern und Füchsen. Verzinkten Volierendraht (Maschenweite 16 x 16 mm, Drahtstärke mindestens 1,2 mm) gibt es in 25-Meter-Rollen. Seitengitter mindestens 50 cm in die Erde einlassen. Um ganz sicherzugehen, haben wir unseren Gehegeboden 60 cm tief ausgehoben und mit rostfreiem Drahtgeflecht ausgelegt, das am Rand hochgezogen und mit den Seitenteilen verbunden wurde.

Einstreu Ihre schöne Wiese ist schon nach wenigen Tagen abgefressen und niedergetrampelt. Hier bewährt sich Rindenmulch, erhältlich als Natur- oder Waldeinstreu. Er ist naturbelassen und saugfähig. Verschmutzte Einstreu harkt man mit dem Rechen zusammen und entsorgt sie umweltfreundlich.

Schutzhütte Eine wetterfeste Hütte aus 2 cm starkem Holz ist Pflicht. Sie muss allen Langohren Platz bieten, denn im Winter ist Kuscheln angesagt. Für drei mittelgroße Kaninchen reicht ein Quadratmeter aus; warm wird es in der Hütte allein durch die Körperwärme der Tiere. Eine Trennwand im Eingangsbereich schützt den Schlafraum vor Zugluft. Mehrere Bohrungen im oberen Bereich der Seitenwände sorgen für gute Durchlüftung. Dazu eine dicke Lage Heu und Stroh und schon sind die Hoppel auch gegen Minusgrade gerüstet. Wer nicht selbst werkeln will: Der Fachhandel bietet geeignete Schutzhütten an. **Tipp** Zur leichteren Reinigung sollte das Hüttendach aufklappbar sein.

Überdachung Ratsam ist die teilweise oder komplette Überdachung aus einem lichtdurchlässigen Material, wie zum Beispiel Wellblechpappe. Sie schützt vor Sonne, hält Schnee und Regen ab und den Boden trocken.

Grüne Insel Eine Bepflanzung bietet Schatten und Gaumenfreuden zugleich. Zum Begrünen eignen sich Kletterpflanzen, wie etwa die Kapuzinerkresse.

Futterplatz Ein Buffet mit Überdachung bleibt trocken und länger frisch. Während der kalten Jahreszeit wird in der Schutzhütte eingedeckt, damit Trinkwasser und Futter nicht gefrieren.

Tipp Ein Tischtennisball im Wassernapf verzögert die Eisbildung.

Wer darf wann ins Außengehege?

▸ Jedes gesunde Kaninchen kann auch draußen gehalten werden. Langhaarrassen eignen sich allerdings weniger.

▸ An Freilauf gewöhnte Tiere können etwa ab Mitte Mai, wenn es auch nachts keinen Bodenfrost mehr gibt, ins Außengehege umgesetzt werden.

▸ Empfindliche Wohnungskaninchen bitte immer erst bei Temperaturen über 15 °C umsiedeln.

▸ Spätes Umquartieren ist ungünstig, da die Tiere dann kein schützendes Winterfell mehr ausbilden können.

▸ Langsam ans Grünfutter gewöhnen, um Blähungen zu vermeiden.

▸ Auch Kaninchen in Außenhaltung brauchen den regelmäßigen Gesundheitscheck (→ Seite 83).

TIPP

Riskanter Klimawechsel

Wenn Kaninchen auch im Winter draußen leben, darf man sie zwischendurch nicht in die beheizte Wohnung holen. Der Temperaturunterschied schadet ihrer Gesundheit. Ist ein Umzug – etwa wegen Erkrankung – trotzdem nötig, muss sich das Langohr zuerst in einem unbeheizten Raum akklimatisieren.

Willkommen Mümmelmann!

Ankommen und Wohlfühlen: Kaninchen brauchen genügend Zeit zur Eingewöhnung. Lassen Sie ihnen in den ersten Tagen viel Freiraum, umso schneller schenken sie Ihnen ihr Vertrauen.

So treffen Sie die richtige Wahl

Wenn die endgültige Entscheidung für ein Heimtier gefallen ist, kann man es oft gar nicht mehr erwarten. Aber vermeiden Sie bitte Spontankäufe. Sie ersparen den Langohren eine ungewisse Zukunft und sich selbst herbe Enttäuschungen.

HERZ UND VERSTAND sind die richtige Kombination bei der Wahl Ihrer neuen Hausfreunde. Überlegen Sie gut: Kaninchen sind keine leblose Ware, die man bei Nichtgefallen zurückgeben kann.

Wo bitte geht es zum Kaninchen-Shop?

Die Zoofachgeschäfte bieten meist nur Zwergkaninchen an. Sie sind ja so süß und niedlich und verkaufen sich besser als »richtige Hasen«. Schade, dass die großen Langohren so stiefmütterlich behandelt werden. Besonders für Kinder eignen sie sich wesentlich besser, da sie nicht so »zerbrechlich« sind und in der Regel ein ruhigeres Gemüt haben. **Internet und Inserat** Ich möchte nicht generell davon abraten, aber kaufen Sie bitte keine Tiere zwischen Tür und Angel oder spontan auf die Anzeige im Internet oder der Zeitung. Schauen Sie sich das bisherige Zuhause der Kaninchen gut an, ein Blick in den »Stall« sagt oft mehr als tausend Worte. Gesunde Tiere findet man nur in einem sauberen und gepflegten Umfeld. Privatleute geben meist Jungtiere aus ungewolltem Nachwuchs ab. Stimmt das »Elternhaus«, spricht nichts gegen den Kauf.

Bei älteren Langohren sollten Sie noch genauer hinsehen und nachfragen, warum sie abgegeben werden. Sie können Glück haben, aber eine Garantie für Gesundheit bekommen Sie hier nicht. **Züchter** Der Kauf bei einem Züchter bietet einige Vorteile. Er hält meist verschiedene Rassen und gibt wertvolle Ratschläge zur Haltung, Pflege und Ernährung. Suchen Sie eine spezielle Rasse, nennt er Ihnen sicher entsprechende Züchter. Müssen es keine reinrassigen Tiere sein, kann man sich bei Hobbyzüchtern nach netten Mischlingen umschauen. Auch hier bitte aufs Umfeld achten. Meist trifft man auf engagierte

Diese Kaninchenkinder sind zum Mitnehmen süß, doch die Abgabe wäre verfrüht. Auch wenn sie bereits vom Löwenzahn naschen – Mamas Milch ist jetzt noch sehr wichtig für sie.

Wenn der Platz für die Gruppe fehlt, sollten Sie
mit einem Kaninchenpaar starten. Rammler
und Häsin kommen prächtig miteinander aus.

Tierhalter, einige sind aber leider nur am Geld interessiert und »produzieren Tiere am laufenden Band«. Artgerechte Haltung ist für sie ein Fremdwort. **Tierheim** Es ist ein Vorurteil, dass in den Tierheimen nur verhaltensgestörte Kaninchen leben. Oft werden die Tiere auch wegen Veränderungen der Lebenssituation, wie zum Beispiel Krankheit, Umzug, Zeitmangel oder Alter des Halters abgegeben. Man findet hier nicht nur erwachsene und uralte Kaninchen, sondern auch viele Jungtiere, die häufig aus ungewolltem Nachwuchs stammen. Geben Sie diesen Tieren eine Chance! Ihre Pluspunkte: Sie wurden alle vom Tierarzt gründlich gecheckt, haben bereits die erforderlichen Impfungen und sind gegebenenfalls auch kastriert. Das erspart Ihnen hohe Kosten.

Die Wahl fällt nicht leicht: Für welche Kaninchen soll man sich denn nun entscheiden?

Welches darf's denn sein?

Beim Kaninchenkauf wird die Wahl zur Qual. Die Auswahl bezüglich Größe, Farbe und Fellstruktur ist riesig. Auf einer Kaninchenausstellung können Sie sich vorab einen kleinen Überblick verschaffen. Auch Mischlinge sollte man in Betracht ziehen, sie zeichnen sich durch Widerstandsfähigkeit und Vitalität aus. Wenn sich Kinder um die Tiere kümmern sollen, räumen Sie ihnen bitte ein Mitspracherecht ein, das erspart Enttäuschungen. Oft haben die Kids genaue Vorstellungen von dem, was sie wollen, und die stimmen nur selten mit denen ihrer Eltern überein. Und nicht zuletzt: Kinder behandeln Kaninchen, die sie wirklich mögen, viel fürsorglicher.

Youngster oder ältere Tiere

Oft verliebt man sich in ganz kleine Fellbündel. Mindestens acht Wochen sollten die Winzlinge aber sein, bevor sie von Mama getrennt werden. Perfekte Partner sind die Wurfgeschwister. Bis zum 4. Lebensmonat kann man aber auch Jungtiere aus verschiedenen Würfen gut zusammenführen. Bedenken Sie, dass auch die kleinsten Stupsnasen schnell groß werden und genügend Platz brauchen. Orientieren Sie sich am Muttertier, damit Sie wissen, was auf Sie zukommt. Für Youngster spricht, dass sie sich schneller eingewöhnen und es aufregend ist, sie aufwachsen zu sehen. Vorzüge älterer Kaninchen: ausgeprägter Charakter und ein schon recht stabiles Wesen.

Das sollten Sie beim Kauf beachten

▸ Beobachten Sie die Kaninchen in aller Ruhe, um mögliche Verhaltensprobleme rechtzeitig zu erkennen.

▸ Prüfen Sie ihre Gesundheit. Unsere Checkliste (→ Seite 53) hilft dabei.

▸ Achten Sie auf Auffälligkeiten bei anderen Kaninchen aus diesem Wurf.

▸ Fragen Sie nach der bisherigen Ernährung. Lassen Sie sich bei Bedarf Futter für die ersten Tage mitgeben.

▸ Erkundigen Sie sich nach Geschlecht, Alter, Krankheiten und Impfungen.

versteht sich meist gut. Man kann natürlich auch mit einem Pärchen starten und die Gruppe durch Nachzucht vergrößern (→ Kapitel 7). Rammler und Häsin harmonieren ganz prächtig. Das ist auch die ideale Haltungsform, wenn für eine Gruppe kein Platz ist. Sowohl bei Gruppen- wie bei Paarhaltung schützt die rechtzeitige Kastration vor unerwünschtem Kindersegen.

WUSSTEN SIE SCHON, DASS …

… Kaninchen anders trauern als wir?

Kaninchen durchleben keine lange Abschiedsphase und brauchen keine Trauerzeit. Verlieren sie einen Partner oder Freund, sitzen sie deprimiert in der Ecke, weil sie sich einsam fühlen. Es mag etwas makaber erscheinen, einfach ein verstorbenes Tier durch ein anderes zu ersetzen, aber genau das ist richtig: Suchen Sie möglichst schnell einen neuen Artgenossen im passenden Alter. Schon bald wird Ihr Liebling wieder ausgelassen herumtoben.

▸ Sind die Tiere bereits kastriert oder sterilisiert (→ Seite 111)?

▸ Haben Sie an eine geeignete Transportbox gedacht?

Wer passt zu wem?

Informieren Sie sich bereits vor dem Kauf darüber, welche Vergesellschaftung für Sie infrage kommt.

Gruppe Wer genügend Platz hat, kann seinen Kaninchen ein Leben wie in der freien Natur bieten. Eine Gruppe mit mehreren Häsinnen und Rammlern

Häsinnen Weibchen kämen gut miteinander aus, wären da nicht die Hormone. In der Brunst zicken die Mädels heftig, und es fehlt das männliche Oberhaupt, das für Ruhe und Ordnung sorgt.

Rammler Bei jungen Männchen klappt das Zusammenleben noch recht gut, aber in der Pubertät werden sie oft zu erbitterten Rivalen. Reviertrieb und Kampfeslust lassen einstige Freundschaften schnell verblassen. Hier hilft oft nur die Frühkastration (→ Seite 112), um ein weiteres friedliches Zusammenleben zu garantieren.

Geschlechtserkennung

Bei sehr jungen Tieren kann man Mädchen und Jungen leicht verwechseln. **Ich bin ein Bub...** Beim Männchen ist die Geschlechtsöffnung punktförmig. Drückt man im Genitalbereich leicht auf den Bauch, tritt der Penis hervor. Rechts und links liegen die Hoden in Hauttaschen. Bei Jungtieren sind die Hoden noch im Bauchraum, was die Geschlechtsbestimmung erschwert. **... und ich ein Mädel** Weibchen haben eine schlitzförmige Geschlechtsöffnung, die näher am After liegt. Die Scheidenausstülpung wird oft mit dem Penis des männlichen Jungtiers verwechselt. Deshalb mausert sich so mancher Hoppelmann plötzlich zur Hoppeldame.

Der richtige Griff Anfänger setzen sich vorsorglich auf den Boden. Falls sich der kleine Racker freistrampelt, stürzt er nicht aus luftiger Höhe ab. Außerdem fühlen sich Kaninchen am Boden sicherer, und wir wollen ja den Stressfaktor nicht unnötig erhöhen. Nehmen Sie das Tier auf den Schoß, greifen Sie ihm ins Nackenfell und drehen Sie es auf den Rücken. Der Kopf liegt an Ihrer Brust. Fixieren Sie mit einer Hand die Vorderbeine. Nun können Sie mit Daumen und Zeigefinger der anderen Hand den Genital- und Analbereich vorsichtig auseinanderziehen. Unmittelbar vor der Blume, dem Schwänzchen, liegt die punktförmige Afteröffnung. Ein Stück weiter zum Bauch hin befindet sich die Geschlechtsöffnung.

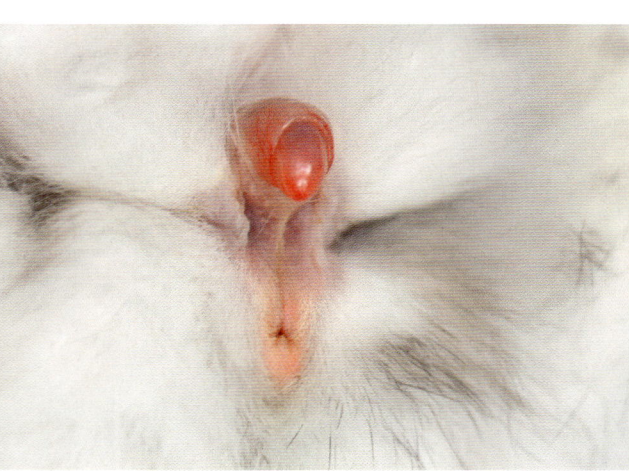

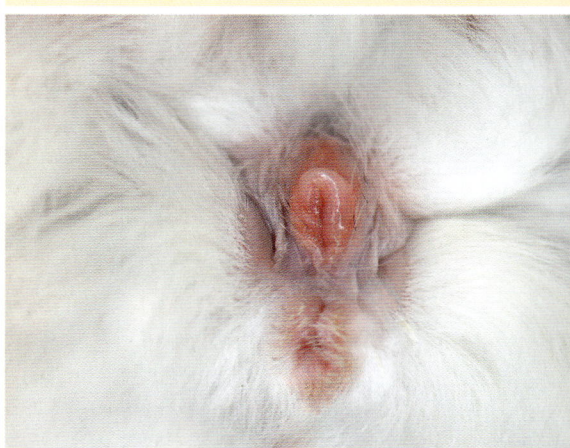

2 Häsin Die schlitzförmige Geschlechtsöffnung ist bei der Häsin relativ gut zu erkennen. Dicht darunter – in Richtung ihrer Blume (des Schwänzchens) – sieht man dann die punktförmige Afteröffnung.

1 Rammler Beim erwachsenen Rammler tritt der Penis deutlich hervor. Jungtiere sind noch weniger gut entwickelt. Deshalb kommt es in den ersten Lebenswochen häufig zu Verwechslungen des Geschlechts.

SO ERKENNEN SIE, OB EIN KANINCHEN KRANK IST

DIE HÄUFIGSTEN KRANKHEITSSYMPTOME

Verhalten	Das Kaninchen ist auffällig passiv. Es frisst wenig oder gar nicht. Es sitzt apathisch in der Ecke und bewegt sich kaum. Es hat Gleichgewichtsstörungen.
Körper	Das Tier ist zu dick oder deutlich abgemagert. Es hat eine für diese Rasse untypische Körperform.
Fell	Das Fell ist struppig und glanzlos. Es weist kahle Stellen oder Verkrustungen auf. Auch außerhalb des Fellwechsels kommt es zu stärkerem Haarausfall. Die Pfoten sind entzündet.
Augen	Die Augen sind trüb oder gerötet. Sie tränen, oder es treten eitrige Absonderungen auf. Augenlider und Umgebung sind verkrustet.
Nase	Die Nase ist verklebt oder verschmutzt. Es tritt häufig Sekret aus. Das Kaninchen niest auffallend oft.
Ohren	Die Ohren sind innen und außen verkrustet. Sie bewegen sich kaum und folgen den Geräuschen nicht.
Zähne	Die Zähne sind übermäßig lang. Sie sind stark nach innen gebogen oder seitlich verdreht. Das Kaninchen knirscht mit den Zähnen. Ständig feuchtes Kinn kann Probleme mit den Backenzähnen zeigen.
Analregion	Die Afterregion ist stark verschmutzt. Das Fell ist von Durchfall verklebt.
Bitte beachten	Nach dem Kauf sollten Sie auch äußerlich gesund wirkende Kaninchen unbedingt dem Tierarzt vorstellen. Dabei können Sie mit ihm auch über Impfungen und Kastration sprechen.

Meine Tochter will ein Kaninchen

Schon seit längerer Zeit wünscht sich unsere elfjährige Tochter Janina ein Heimtier. Deshalb denken wir über die Anschaffung eines Kaninchens nach. Unsere Nachbarn halten Langohren, bei denen es gerade ungewollten Nachwuchs gegeben hat. Wir überlegen jetzt, ob wir zwei oder drei der Winzlinge nehmen sollen.

KANINCHEN sind zauberhafte Geschöpfe, die sowohl Kindern als auch Erwachsenen viel Freude bereiten können. Besonders wenn die Tiere noch klein sind, verliebt man sich oft Hals über Kopf in sie. Trotzdem sollten Sie auf keinen Fall etwas überstürzen. Informieren Sie sich vorab eingehend über Lebensweise und Bedürfnisse der Langohren. Erst auf der Basis dieser Kenntnisse können Sie dann entscheiden, ob Sie den Ansprüchen der Tiere gerecht werden.

Verantwortung für viele Jahre

Nicht wenige Menschen unterschätzen den zeitlichen und auch den finanziellen Aufwand, den die Anschaffung von Heimtieren mit sich bringt. Bei den Kaninchen geht es dabei um mindestens zwei oder drei Tiere, da eine Einzelhaltung nicht infrage kommt. Bedenken Sie bitte, dass Sie eine Verpflichtung für viele Jahre eingehen, denn die Hoppel können zehn Jahre und älter werden. In den Tierheimen sitzen leider schon genug verstoßene Kaninchen. Vielleicht darf Ihre Tochter einige Tage bei den Kaninchen Ihrer Nachbarn »babysitten«, um so einen ersten kleinen Einblick zu bekommen, welcher Aufwand und welche Arbeiten mit der Haltung verbunden sind. Die Hoppel sind kein Spielzeug, mit dem man bei Be-

darf knuddelt und spielt, um es dann einfach wieder in die Ecke zu setzen. Wenn Ihre Nachbarn wirklich engagierte Kaninchenliebhaber sind, werden sie Ihnen und Ihrer Tochter genügend Zeit für die richtige Entscheidung lassen und Sie nicht unnötig drängen.

Wenn die Lust zur Last wird

Mit elf Jahren ist Ihre Tochter alt genug, um die Kaninchen selbstständig zu versorgen. Anfangs wird sie sehr stolz sein und die ihr übertragene Verantwortung ernst nehmen. Trotzdem sollten Sie ihr regelmäßig über die Schulter schauen und sie mit Rat und Tat unterstützen. Mit viel Glück entwickelt sich Janina zu einer gewissenhaften Kaninchenhalterin. Sie sollten aber auch damit rechnen, dass die Anfangsbegeisterung irgendwann verfliegt und ein Teil der Versorgungs- und Pflegearbeiten an Ihnen hängen bleibt. Vorwürfe nützen dann wenig. Es gibt einfach Zeiten, in denen Freundinnen und Kino wichtiger sind als alles andere. Trennen Sie sich nicht gleich von den Tieren. Ihre Tochter muss lernen, dass man Verantwortung nicht einfach abschüttelt. Sprechen Sie in Ruhe mit ihr und schließen Sie Kompromisse, mit denen alle – auch die Hoppel – leben können.

Richtig hochnehmen und sicher tragen

Mümmelmänner fühlen sich auf festem Untergrund wohler als auf dem Arm. Verlieren sie den Boden unter den Füßen, werden sie unsicher, geraten leicht in Panik, strampeln und kratzen. Hat man ein Tier dann nicht richtig im Griff, ist schnell ein Unglück passiert.

Vertrauen aufbauen Schaffen Sie bei neuen oder verängstigten Tieren eine Vertrauensbasis. Locken Sie die Hoppel mit Leckereien, reden Sie leise und ruhig mit ihnen und gewöhnen Sie sie durch Streicheln an Ihre Nähe.

Hochnehmen Zum Hochnehmen streicht man mit einer Hand langsam über die Ohren und packt das Kaninchen entschlossen, aber nicht zu fest im Nackenfell. Die andere Hand stützt das Hinterteil. Ziehen Sie niemals Kaninchen an den Ohren nach oben. Das ist für die Tiere äußerst schmerzhaft. Hoppelbabys umschließt man einfach mit beiden Händen und hebt sie vorsichtig hoch. Die Daumen sichern von oben ab. Vorsicht: Auch die Winzlinge sind schon temperamentvoll und unberechenbar.

Tragen Zum Tragen gibt es zwei Methoden. Erste Variante: Kaninchen auf den angewinkelten Unterarm setzen, wobei die andere Hand seinen Rücken sichert. Auf der Suche nach Deckung vergraben die Langohren den Kopf gern in Ihrer Achselhöhle. Halten Sie den Arm dicht am Körper, damit der flinke Geselle nicht hindurchschlüpft und abstürzt. Zweite Variante: Kaninchen vorn an die Brust setzen. Eine Hand stützt das Hinterteil ab, die andere sichert den Rücken. Risiko dieser Methode: Das Langohr büxt möglicherweise nach oben aus und klettert über die Schulter.

Kinder und Kaninchen Kinder sollten sich bei den ersten Kontakten auf den Boden setzen und das Kaninchen auf den Schoß nehmen. Das erleichtert das gegenseitige Beschnuppern und reduziert das Verletzungsrisiko.

Sicherheit geht vor

▶ **1** **Hochnehmen** Greifen Sie dem Kaninchen mit einer Hand entschlossen, aber nicht zu fest ins Nackenfell. Beim Hochnehmen stützt die andere Hand das Hinterteil ab.

▶ **2** **Tragen** Größere Kaninchen trägt man am besten vorn an der Brust. Eine Hand stützt das Hinterteil des Tieres ab, die andere sichert den Rücken. Für längere Wege sollte aber immer die Transportbox benutzt werden.

Transport ohne Risiko

Über den Heimweg machen sich die meisten frischgebackenen Kaninchen-halter kaum Gedanken. Zur Not muss ein Karton mit Luftlöchern herhalten. Dabei stresst der Umzug die Langohren schon genug, wenigstens der Transport sollte komfortabel sein. Spätestens beim

Geschützt vor Kälte und Zugluft auf Reisen gehen Langohren nur in einer Transportbox.

Gang zum Tierarzt stehen Sie wieder vor dem Problem. Kaufen Sie also bitte gleich eine vernünftige Transportbox. Darauf sollte man beim Kauf achten:

- ausreichende Größe
- Öffnungen oben und vorn
- leicht zu säubern und zu desinfizieren
- ausreichende Luftzirkulation
- Schutz vor Kälte und Zugluft

Eine solche Box garantiert den komfortablen und sicheren Transport Ihrer Kaninchen.

- nicht zu schwer und gut zu tragen
- leicht bedienbare Klappverschlüsse
- Gittereinsatz für Sichtkontakt
- eventuell zusammenklappbar

Holz- oder Kunststoffbox Viele Züchter transportieren ihre Kaninchen in selbst gebauten Holzkisten. Holz ist saugfähig, atmungsaktiv und sorgt im Winter für ausreichenden Kälteschutz. Leider ist eine solche Kiste ziemlich unhandlich und schwer und kann sich im Sommer schnell aufheizen. Vorteile einer Kunst-stoffbox: relativ geringes Gewicht und hohe Widerstandsfähigkeit. Darüber hinaus lässt sich der Kunststoff wesent-lich leichter sauber halten als das Holz. Zur besseren Hygiene sollten Sie in die Transportbox immer ein kochfestes Handtuch einlegen.

Einmal-Einlage Praktisch sind Einmal-Einlagen (Fachhandel), deren Prägung für optimale Flüssigkeitsverteilung sorgt. Die undurchlässige Folienunter-seite und der versiegelte Rand lassen keine Nässe nach unten durchdringen. Die Einlagen funktionieren ähnlich wie Babywindeln und halten sowohl die Ka-ninchen als auch den Boden der Box sauber und trocken. Speziell im Krank-heitsfall sind Einmal-Einlagen ideal, da sie nach Gebrauch einfach entsorgt wer-den und damit keine Krankheitserreger übertragen können.

Vertrauter Stallduft Es erweist sich oft als hilfreich, wenn man etwas Einstreu aus dem »alten« Zuhause mit in die Box gibt. Das erleichtert den Einstieg und wirkt während der Heimfahrt beruhi-gend auf die Tiere. Fahren Sie bitte auf dem kürzesten Weg nach Hause. Besitzt Ihr Auto keine Klimaanlage, sollten Sie die neuen Kaninchen bei sommerlichen Temperaturen möglichst in den kühle-ren Abendstunden abholen.

Das neue Zuhause

In einer fremden Umgebung fühlen wir uns zunächst nicht sehr wohl. Kaninchen geht es da nicht anders. Erleichtern Sie ihnen den Umzug ins neue Zuhause, indem Sie alles gut vorbereiten und den Tieren Zeit zum Eingewöhnen lassen.

RUHE UND GELASSENHEIT sind das beste Rezept gegen Stress beim Umzug. Das neue Zuhause muss vor Ankunft der Kaninchen vollständig eingerichtet sein.

Die neue Heimat erkunden

Endlich angekommen, sollten die neuen Mitbewohner vorsichtig ins vorbereitete Domizil gesetzt werden. Stellen Sie die Transportbox in den Auslauf und öffnen Sie die Tür. Die Hoppel werden kurz die Lage checken und blitzschnell im nächsten Unterschlupf verschwinden. Zügeln Sie Ihre Neugier und lassen Sie die Tiere zuerst einmal in Ruhe. Am besten still in eine Ecke setzen und abwarten. Irgendwann traut sich ein Langohr heraus und geht auf Erkundungstour. Erschrecken Sie das mutige Kerlchen nicht. Nach und nach folgen die anderen und beschnuppern eifrig ihr neues Zuhause. Futter und Wasser sollten schon bereitstehen. Spätestens, wenn sich der erste Mümmelmann über das Willkommens-Menü hermacht, ist das Eis gebrochen. Es werden jedoch bestimmt noch einige Tage vergehen, bis sich die ganze Truppe an die fremden und verwirrenden Gerüche und Geräusche gewöhnt hat und das Gehege als ihren Lebensraum und als neues Revier akzeptiert.

Vertrauen gewinnen

Die ersten Stunden und Tage mit Ihren Kaninchen sind entscheidend. Was Sie jetzt falsch machen, lässt sich oft nur schwer wieder ausbügeln. Üben Sie sich in Zurückhaltung, auch wenn es schwerfällt. Besonders Kinder sind schnell ungeduldig und können es kaum erwarten, endlich mit den putzigen Fellnasen zu spielen und zu kuscheln. Trotzdem: Beschränken Sie sich bitte zunächst darauf, die Tiere zu versorgen und zu beobachten. Auch das kann spannend sein, und man lernt ganz nebenbei eine Menge über Verhalten und Vorlieben seiner neuen Schützlinge. Wer die anfängliche Scheu akzeptiert, gewinnt das Vertrauen der Kaninchen umso schneller.

> **TIPP**
>
> ### Seminare für Kids
>
> Tierschutzvereine und Nagerstationen bieten Seminare an, in denen Kinder den Umgang mit Kaninchen und ihre artgerechte Haltung lernen können. Empfehlenswert sind auch Tierschutznachmittage und Naturerlebnistage. Selbst »tierische« Geburtstage kann man dort feiern. Natürlich sind auch die Eltern willkommen.

Richtig aneinander gewöhnen

▶ **1** **Auf Distanz** Aus sicherer Entfernung und ohne Stress können die künftigen Wohnpartner die ersten Blick- und Schnupperkontakte zueinander aufnehmen.

▶ **2** **Berührungspunkte** Der erste Körperkontakt ist möglich, aber noch schützt das Gitter vor unliebsamen Überraschungsangriffen.

▶ **3** **Einzug** Bei einer wilden Hetzjagd wurde die Rangordnung geklärt. Nun steht dem friedlichen Zusammenleben nichts mehr im Weg.

Hier einige Tipps, wie Sie sich bei den Langohren beliebt machen können:

▶ Laute Geräusche vermeiden und alles, was die Tiere erschrecken kann.

▶ Grundsätzlich nur von vorne nähern, in die Hocke gehen und an der Hand schnuppern lassen.

▶ Mit Leckerbissen locken und ihn möglichst lange festhalten, damit sich das Kaninchen an Ihre Hand »heranknabbert« und feststellt, dass es nichts zu befürchten hat.

▶ Ruhig und gedämpft sprechen und bestimmte Handlungen mit immer gleichen Worten verknüpfen. Die Tiere lernen schnell, was Sie erwarten.

▶ Gönnen Sie Ihren Kaninchen so viel Bewegungsfreiheit wie möglich.

▶ Lassen Sie ein Langohr in Ruhe, wenn es sich zurückzieht. Sobald es wieder spielen will, kommt es von alleine.

▶ Versuchen Sie nicht, die Kaninchen einfach nur zum Spaß einzufangen.

▶ Versperren Sie einem Tier nie den Weg zurück in den sicheren Unterschlupf.

Kaninchen aneinander gewöhnen

Bei den Kaninchen gibt es eine strenge Hierarchie. Fremde Tiere kann man nicht ohne Weiteres vergesellschaften. Entscheiden Sie sich beim Kauf deshalb für Langohren, die miteinander vertraut sind. Schwierig wird es, wenn Sie schon Tiere haben und neue einziehen. Die »Alteingesessenen« sind kaum bereit, ihr Revier zu teilen. Doch lassen Sie sich nicht abschrecken. Es gibt zwei Wege der Eingewöhnung. Neulinge sollten sich an der sanften Methode orientieren.

Sanft eingewöhnen

Mit dieser Methode finden selbst Tiere, die schon lange alleine leben, einen Partner. Kein Kaninchen hat ein tristes Solodasein verdient. Auch im höheren Alter ist Gesellschaft willkommen.
Schritt 1 Den Neuzugang in einem separaten Zimmer unterbringen. Hier kann sich das Kaninchen an Umgebung, Gerüche und Geräusche gewöhnen.

Schritt 2 Ideal ist das Kennenlernen auf fremdem, unmarkiertem Territorium. Da sich das bei Innenhaltung aber kaum realisieren lässt, muss der Neuling wohl oder übel gleich ins Kaninchenzimmer übersiedeln. Der Erstkontakt erfolgt auf sichere Distanz. Dazu brauchen Sie ein zweites Gehege mit kompletter Grundausstattung. Hierfür eignet sich das Freigehege, das sonst den Auslauf trennt – einfach in der ursprünglichen Achteckform aufbauen. Der Fachhandel bietet für einige Modelle eine zusätzliche Bodenplane an, die per Klettverschluss unten am Gitter befestigt wird. So können Sie das gesamte Gehege einstreuen und brauchen keine extra Hoppelecke. Genießt Ihr Stammmieter freien Auslauf, muss auch für ihn ein Gehege aufgestellt werden. Die Gitter dürfen sich nicht berühren, um Körperkontakt zu vermeiden. Vielleicht faucht der »Alte« den Eindringling zunächst an, aber das gibt sich. Mit der Zeit gewöhnen sich die beiden aneinander, die Sehnsucht nach einem Artgenossen zum Kuscheln

und »Plaudern« ist stärker als das Konkurrenzdenken. Wie lange es dauert, weiß man vorher nie. Ich habe schon oft »Liebe auf den ersten Blick« erlebt. **Mein Tipp** Bei einem Wohnungstausch gewöhnen sich die Kaninchen schneller an den Geruch des anderen, ohne gleich direkt mit ihm konfrontiert zu werden. Auch das aufwendige Reinigen des Inventars vor der offiziellen Zusammenführung spart man sich auf diese Weise.

TIPP

Kaninchen in Trance

Viele Kaninchen genießen Streicheleinheiten. Sie machen sich flach, knirschen mit den Zähnen und schließen die Augen. Plötzlich rühren sie sich nicht mehr oder fallen sogar um. Keine Panik, Ihr Langohr ist nur in Trance gefallen. Das passiert, wenn Ihnen ein Tier absolut vertraut, ist also ein großes Kompliment an Sie.

MEIN HEIMTIER

Wie finde ich Kaninchen, die zu mir passen?

Der eine sucht ein Schmusetier, das sich gern streicheln lässt, der andere wünscht sich einen übermütigen Frechdachs, mit dem es nie langweilig wird. Nehmen Sie sich Zeit und machen Sie vor dem Kauf den Kaninchen-Charaktertest.

Der Test beginnt:

○ Welches Langohr lässt sich sofort und mit sichtlichem Wohlbehagen streicheln?
○ Bekommt man manche Tiere kaum zu Gesicht, weil sie sich im Häuschen verstecken?
○ Gibt es ein Kaninchen, das von Anfang keine Scheu zeigt und Ihre Nähe sucht?
○ Welche Hoppel nutzen jede Gelegenheit, um auf Entdeckungsreise zu gehen?
○ Sind auch kleine Kratzbürsten dabei, die sich strampelnd zur Wehr setzen?

Mein Testergebnis:

Schritt 3 Stellen Sie die Gehege so dicht aneinander, dass die Kaninchen Körperkontakt haben können. Meist suchen sie jetzt die Nähe zueinander, schnuppern ein bisschen, um zwischendurch auch wieder mal abweisend zu reagieren. Das gehört dazu. Überwiegt der friedliche Kontakt, folgt der nächste Schritt.

Schritt 4 Setzen Sie beide Tiere ins ursprüngliche Gehege. Das Inventar zieht ebenfalls um. Nicht erschrecken, wenn es jetzt Verfolgungsjagden gibt. Wichtig sind ausreichend Unterschlupfmöglichkeiten, jeweils mit zwei Ausgängen. Es dauert seine Zeit, bis die Rangordnung geklärt ist. Bei kleineren Auseinandersetzungen bitte nicht eingreifen. Wenn Sie ein Tier herausnehmen, beginnt die gesamte Prozedur von vorne.

Auf die harte Tour

Bei großen Kaninchengruppen gibt es häufiger Vergesellschaftungen. Unsere Tiere haben ständig Nachwuchs, der ab einem bestimmten Alter in die Außenunterkunft umzieht. Die Zusammenführung erfolgt in einem großen Freigehege, das vorher neu abgesteckt wurde. So beugt man Problemen hinsichtlich der Revierbeanspruchung vor. Alle Kaninchen müssen sich neu orientieren. Ganz ohne Rangordnungsstreitigkeiten geht es natürlich nicht ab, die Neuen müssen ja irgendwie in die Gruppe integriert werden. Auch Beißereien sind möglich. Bieten Sie den Rivalen genug Rückzugs- und Versteckmöglichkeiten. Je seltener man sich einmischt, desto eher kehrt Frieden ein. Mitleid ist fehl am Platz. Meist sieht alles schlimmer aus als es ist, und schon bald kann man die Streithähne bei einträchtiger Fellpflege beobachten. Zur artgerechten Haltung gehört es eben auch, gewisse Abläufe zu respektieren – natürlich immer unter der Voraussetzung, dass sich die Kaninchen fast wie in freier Wildbahn bewegen können. Wenn Auseinandersetzungen zu eskalieren drohen, greifen wir selbstverständlich ein.

Kaninchen und andere Heimtiere

Hund Viele Hunde sind gut erzogen und respektieren andere Heimtiere. Trotzdem gibt es keine absolute Garantie. Bei frei laufenden Kaninchen ist die Gefahr groß, dass der Jagdinstinkt eines Hundes durchbricht. Und lautes Gebell kann die Hoppel zu Tode ängstigen.
Katze Katzen besitzen einen ausgeprägten Spiel- und Jagdtrieb, und Kaninchen passen wunderbar in ihr Beuteschema. Selbst wenn Ihr Mäusefänger nur spielen will, erschrecken sich die Langohren gewaltig. Ausnahmen gibt es natürlich auch hier. In unserem Freigehege saß eines Tages eine fremde Katze mitten unter den Kaninchen. Sie kam mehrere Tage lang, bediente sich am Futternapf, kuschelte mit den Kaninchen und verschwand dann auf Nimmerwiedersehen.
Meerschweinchen Angeblich passen Kaninchen und Meerschweinchen nicht zusammen. Das stimmt ganz und gar nicht. Richtig ist, dass beide nicht ohne ihre Artgenossen leben können und viel Freiraum brauchen, der ihren individuellen Ansprüchen gerecht wird. Ist das gewährleistet, steht der funktionierenden Wohngemeinschaft nichts im Weg. Wir praktizieren das seit vielen

Jahren, und es gab nie Probleme. Im Gegenteil, es entstanden echte Freundschaften. Als unsere Meerschweinchen-Dame Bernadette kürzlich Nachwuchs bekam, zog sie sich nicht in ihr Häuschen zurück, sondern gebar die kleinen Wuschel vor unser aller Augen an der Seite ihrer langohrigen Freundin Franzi.

Nicht selten schließen Kaninchen
enge Freundschaften
mit den Meerschweinchen.

Ein eindeutiges Zeichen, dass sie sich bei uns sicher und geborgen fühlt und auch in den Hoppeln keine Bedrohung sieht.
Vögel Das fröhliche Gezwitscher von Stubenvögeln erfreut den Menschen, strapaziert die feinen Ohren unserer Hoppel aber gewaltig. Deshalb sollten Sie Kaninchen und Vögel möglichst in getrennten Räumen halten.

Bernadette und Franzi – die ganz große Freundschaft für ein langes Kaninchenleben. ▼

Das ist gesund
und schmeckt

Die komplizierte Verdauungsmaschinerie der Langohren
darf niemals stillstehen. Dafür müssen Sie mit abwechslungsreicher
Ernährung und der täglichen Portion frischem Heu sorgen.

Auf die richtige Mischung kommt es an

Die richtige Ernährung von Kaninchen ist gar nicht so schwer. Wenn man weiß, wie das Bäuchlein eines Langohrs funktioniert, kann man eigentlich nicht mehr viel falsch machen. Auf den folgenden Seiten erfahren Sie alles über Futter und Fütterung.

DIE SPEISEKARTE der Wildkaninchen ist nicht allzu lang: Gräser, Kräuter, Blätter, Wurzeln und Baumrinden, zum Nachtisch ab und zu einige heruntergefallene Früchte. Aus dem kargen Angebot holt der Verdauungsapparat der Kaninchen das Bestmögliche heraus.

Eine komplizierte Verdauungsmaschinerie

Auch die Verdauung der Hauskaninchen ist auf nährstoffarme und rohfaserreiche Pflanzenkost eingestellt. Der Magen umfasst 35 Prozent der gesamten Kapazität des Verdauungsapparates und dient als »Warenlager« für die Nahrung. Da er dünnwandig ist und kaum Muskeln besitzt, kann er die Nahrung weder zerkleinern noch weitertransportieren. Der Futterbrei wird allein durch ständigen Nachschub vorwärtsbewegt. Die eigentliche Verdauung findet im Dünndarm statt, schwer verdauliche Pflanzenreste werden im Dickdarm von Bakterien zersetzt. Dabei spielt der Blinddarm eine besondere Rolle (→ Seite 66). Der gesamte Verdauungstrakt ist etwa zehnmal so lang wie das Kaninchen selbst. Viele kleine Mahlzeiten am Tag sorgen dafür, dass immer genug Nachschub erfolgt

und die komplizierte Verdauungsmaschinerie in Gang bleibt. Zu nahrhaftes Futter führt zur schnellen Sättigung und stört den Verwertungsprozess. Mit Kalorienbomben tut man den Tieren keinen Gefallen; alles gerät aus dem Takt, und die Langohren werden krank. Um dies zu vermeiden, muss man einige Regeln einhalten.

Basisfutter Heu

Heu ist das tägliche Brot der Kaninchen. Da uns die Wiesen mit ihren Gräsern und Kräutern nicht ganzjährig zur Verfügung stehen, bedient man sich der ge-

Essen mit Stil: Unser kleines Pausbäckchen hat fürs Möhrenfuttern eine eigenwillige Technik entwickelt. Ein gezielter Pfotenschlag befördert die Möhre in die richtige Stellung.

Das Futter-Mobile ist eine Herausforderung, gefragt sind Geschicklichkeit und Köpfchen.

trockneten Variante. So ernähren Sie Ihre Tiere auch im Winter artgerecht. Ausreichend Heu rund um die Uhr ist die wichtigste Maßnahme zur Gesunderhaltung Ihrer Lieblinge. Heu reguliert die Verdauung, sichert den wichtigen Zahnabrieb und hält außerdem schlank.

TIPP

Heu richtig aufbewahren

Heu muss trocken und dunkel lagern. In einer Plastiktüte bildet sich sehr schnell Schimmel. Nehmen Sie das Heu deshalb immer aus der Originalverpackung und bewahren Sie es in alten Kopfkissenbezügen aus Baumwolle oder in Jutesäcken auf. Hier kann die Restfeuchtigkeit gut entweichen.

Daran erkennt man gutes Heu

- frische grüne Farbe, weder gelblich noch muffig
- enthält eine Vielzahl verschiedener Gräser und Kräuter
- duftet aromatisch
- staubt nicht
- ist nicht feucht oder schimmelig

Das richtige Heu

Hochwertiges Heu erhalten Sie bei fast jedem Bauer, hier stimmen Qualität und Preis. Wir trocknen das Wiesengras selbst – es geht nichts über den Duft von frischem Heu. Allergiker sollten wissen, dass Heu nicht gleich Heu ist. Triefnasen und Niesattacken sind meist die Reaktion auf altes, staubiges Heu. Wer nicht bei Mutter Natur einkaufen kann, findet in den Zoohandlungen ein reichhaltiges Angebot von Kräuter- und Wiesenheu. Testen Sie, was Ihre Tiere mögen. Heumuffel kann man mit Apfelheu ködern.

Heu erspart den Zahnarzt

Kaninchenzähne wachsen ein Leben lang. Für Wildkaninchen ist das ideal, beim ständigen Konsum von Gräsern und Kräutern nutzen sich ihre Zähne schnell ab. Das Vermahlen der groben Rohfasern führt zum kontinuierlichen Abrieb der Backenzähne. Wenn man seine Langohren jedoch mit zu vielen Leckereien verwöhnt, machen sie beim Heumümmeln schlapp und die Zähne erhalten nicht den nötigen Schliff. Etwa zwei Millimeter Abrieb pro Woche müssen sein, sonst bilden sich scharfe Kanten und Spitzen, die sich in Zahnfleisch und Zunge bohren und schmerzhafte Wunden verursachen. Dann muss der Tierarzt ran, und das ist weder billig für Sie noch angenehm für die Tiere.

Die besten Futterpflanzen
auf einen Blick

◀ Appetitanreger

Gänseblümchen und Löwen-
zahn stehen bei Kaninchen
ganz oben auf der Speisekarte – ob frisch von der Wiese
oder getrocknet im Heu. Das
schmeckt nicht nur gut, sondern regt auch Appetit und
Verdauung an.

Knabberkost ▶

Zweige von Haselnuss und
Apfelbaum kann man täg-
lich und in größerer Menge
anbieten. Das Benagen
sorgt für den wichtigen Abrieb der Schneidezähne
und trägt auch zur Pflege
des Zahnfleischs bei.

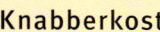

◀ Winterfutter

Bei Außenhaltung sind Topin-
ambur- und Fenchelknollen
(li.) das ideale Winterfutter,
weil sie den jetzt erhöhten
Energiebedarf abdecken. Die
Topi ist zudem ein Blickfang
im Garten und kann auch
komplett verfüttert werden.

Kaninchengetränk Wasser

Frisches Wasser ist genau das richtige Getränk für Ihre Kaninchen. Auch wenn Sie den Eindruck haben, dass die Tiere nichts trinken, muss es immer in ausreichender Menge zur Verfügung stehen. Ein Teil des Flüssigkeitsbedarfs wird übers Futter abgedeckt, aber besonders an heißen Tagen reicht das nicht aus.

arbeitet, kann natürlich nicht mittags füttern. In diesem Fall versorgt man seine Tiere morgens, beim Heimkommen und bevor man ins Bett geht. Langohren sind anpassungsfähig, aber ein fester Rhythmus sollte eingehalten werden. Gibt es immer ausreichend Heu, kommt die Verdauung nicht zum Stillstand und das morgendliche Anfüttern verliert an Bedeutung. Nagematerial möglichst oft anbieten.

Morgens Wenn die Heuraufe leer ist, wurde zu sparsam gefüttert. Jetzt muss

WUSSTEN SIE SCHON, DASS …

… Kotfressen für Kaninchen lebenswichtig ist?

Der sehr große Blinddarm der Kaninchen schließt die rohfaserhaltige Nahrung auf, resorbiert die Nährstoffe und Vitamine aber nur zum Teil, sondern scheidet sie als Blinddarmkot aus. Die Tiere nehmen diesen traubenförmigen und glänzenden Weichkot, der unter anderem reich an Vitamin B und K ist, sofort wieder auf und verwerten ihn ein zweites Mal. Kotfressen (Koprophagie) ist für Kaninchen lebenswichtig und darf nicht unterbunden werden.

Auch Heizungsluft und Trockenfutter belasten den Wasserhaushalt der Tiere. Wassermangel kann Nierenprobleme und andere ernste Krankheiten auslösen. **Tipp** Bei Verdauungsproblemen lauwarmen Tee anbieten, zum Beispiel Fenchel, Kümmel, Kamille oder Anis.

Richtig füttern

Beim Füttern der Kaninchen kommt es auf die richtige Reihenfolge an. Die folgenden Empfehlungen sollen aber nur zur Orientierung dienen. Wer tagsüber

die Verdauung zuerst wieder angekurbelt werden, bevor es Grünfutter gibt. Sonst kann es zu Durchfall kommen. Heu und Wasser sind ideal. Ist noch genug Heu vorhanden ist, füllt man trotzdem frisches nach, um die Hoppel zum Fressen zu animieren. Gab es am Abend Trockenfutter, sind die Kaninchen manchmal pappsatt und vergessen in der Nacht das wichtige Heufressen.

Mittags Jetzt ist Zeit für Frischfutter. Saftiges grünes Gras ist ein Gaumenschmaus für Langohren und ein Freigehege die ideale Selbstbedienungstheke.

Zur ausgewogenen Ernährung der Kaninchen gehört auch der **richtige Fütterungsrhythmus** mit drei Hauptmahlzeiten am Tag.

Stubenhocker müssen im Frühjahr erst langsam an die neue Kost gewöhnt werden, damit sie sich nicht mit Blähungen und Bauchschmerzen herumquälen. Die ganzjährigen Freigänger sind da nicht so empfindlich. Als vitamin- und nährstoffreiche Abwechslung können Sie den Kaninchen Saftfutter anbieten. Gemüse, zum Beispiel Paprika und Kohlrabi, darf es täglich geben, Obst nur gelegentlich in kleinen Mengen und unbedingt in reifem Zustand. Waschen und trocknen Sie alles gut ab, damit Schadstoffe weitgehend beseitigt werden. Bei einem gesunden Maß ist das Frischfutter eine wertvolle Ergänzung des Speiseplans. Heu allerdings kommt immer an erster Stelle.

Tipp Grüner Salat ist umstritten. Wir füttern ihn jedoch seit Jahren, allerdings vorwiegend aus eigenem Anbau.

Abends Am Abend darf man die Kaninchen wieder mit Frischkost beglücken. Oft wird stattdessen Trockenfutter angeboten, doch die kalorienreiche Nahrung macht dick und träge. Besonders bei Innenhaltung haben Langohren meist zu wenig Bewegung, und schnell setzen sich Fettpölsterchen an. Mehr als Heu, Wasser, Frischfutter und Nagematerial brauchen Kaninchen zur gesunden Ernährung nicht. Ausnahme sind Tiere in Außenhaltung, die einen höheren Nährstoffbedarf haben (→ Seite 68).

Bitte beachten Einige Gemüsesorten, wie zum Beispiel Karotten und Rote Bete, können Urin und Kot rot färben. Die Verfärbung ist aber unbedenklich.

Gesunde Knabberkost

Auch Kaninchen betreiben Zahnpflege. Als »Zahnbürsten« dienen Äste, Zweige und Wurzeln. Beim Benagen der Rinde wird das Zahnfleisch massiert und die Durchblutung gefördert. Die Inhaltsstoffe der Rinde wirken ähnlich wie die Zahnpasta bei uns. Ausreichend Knabberkost sorgt für gesundes Zahnfleisch und dient zugleich dem Abrieb der Schneidezähne. Blätter und Knospen an den Zweigen müssen nicht entfernt werden, sie sind eine willkommene Beilage. Zudem bietet ein Blätterdickicht tolle Versteckmöglichkeiten, aus denen sich ein Langohr dann genüsslich »herausfuttern« kann. Äste und Zweige sind als Gehegedekoration unschlagbar. Eine

Futterrad: Hier müssen sich die Mümmelmänner ihre Leckerbissen erst verdienen. ▸

Übersicht geeigneter und giftiger Hölzer finden Sie auf Seite 69. Verwenden Sie grundsätzlich nur Material von Pflanzen und Bäumen, die Sie wirklich kennen. Dann kann nichts schiefgehen.
Bitte beachten Getrocknetes, schimmelfreies Brot nur in geringen Mengen verfüttern, da es sehr kalorienreich ist und kaum zum Zahnabrieb beiträgt.

Vor der Freiluftsaison gibt es Grünfutter-Kostproben, um Magenprobleme zu vermeiden.

Futterumstellung ohne Risiko

Kaninchen haben einen sehr sensiblen Magen. Abrupte Futterumstellung führt zu gefährlichen Verdauungsstörungen, wie Durchfall oder Verstopfung. Deshalb muss man die Langohren immer behutsam an eine neue Kost gewöhnen.
Fresspaket Wenn Sie eigene Kaninchen abgeben, sollten Sie ihnen stets Proviant für die nächsten Tage einpacken. Dann müssen sich die vom Umzugsstress gebeutelten Hoppel nicht auch noch mit Bauchweh herumquälen.
Umstellen Ziehen Langohren bei Ihnen ein, erkundigen Sie sich bitte nach der bisherigen Fütterungsweise. Die meisten Tiere sind abhängig von Trockenfutter, und es dauert eine Weile, bis man sie richtig eingestellt hat. Kaninchen, die nur den Urlaub bei Ihnen verbringen, bekommen weiter ihre gewohnte, wenn auch nicht immer gesunde Kost. Ihren Besitzer dürfen Sie gerne über die richtige Ernährung informieren.

Grünkost Ans Grünfutter müssen sich die Langohren in jedem Frühjahr neu gewöhnen. Schon bevor die Kaninchen ins Freigehege übersiedeln, sollten Sie ihnen ein paar saftige Kostproben aus dem Garten servieren, wie etwa Giersch oder Löwenzahnblätter. Setzen Sie die Tiere beim ersten Mal nicht hungrig ins frische Gras, sonst besteht die Gefahr, dass sie sich überfressen.
Obsttest Neues Obst und Gemüse sollten Sie zuerst nur in winzigen Portionen anbieten. Beobachten Sie, wie Ihre Tiere darauf reagieren und entscheiden Sie dann, welches Saftfutter auf den Speisezettel kommt. Die Futterliste (→ rechts) gibt Ihnen lediglich einige Empfehlungen. Manche Kaninchen reagieren empfindlich auf bestimmte Nahrungsmittel, andere mampfen querbeet und fühlen sich pudelwohl dabei.

Fit durch den Winter

Kaninchen in Außenhaltung dürfen während der Wintermonate durchaus kalorienreicher ernährt werden, da sie viel Energie aufwenden müssen, um sich warm zu halten. Auf ein getreidehaltiges Futter können Sie aber trotzdem verzichten. Wir geben ab und zu ein paar Mais- und Weizenkörner, aber unsere Kaninchen haben dank der großen Bewegungsfreiheit auch keinerlei Figurprobleme. Wenn Ihre Tiere jedoch zu Übergewicht neigen, sollten Sie lieber zu gesünderem Winterfutter, wie vitamin- und mineralstoffreichem Gemüse, greifen (→ Futterliste rechts). Auch Trockengemüse und Trockenobst sind in dieser Jahreszeit empfehlenswert. Ein sehr wasserhaltiges Futter, wie zum Beispiel Gurke, ist hingegen weniger geeignet, weil es schnell gefriert.

FRISCH AUF DEN TISCH: DAS RICHTIGE KANINCHENFUTTER

DARAUF MÜSSEN SIE BEI DER ERNÄHRUNG ACHTEN

Gräser, Kräuter und Grünpflanzen	**täglich:** Gras, Löwenzahn, Luzerne, Sauerampfer, Sonnenblume, Dill, Kümmel, Basilikum, Melisse, Minze, Thymian, Salbei, Bohnenkraut, Borretsch, Huflattich, Gänseblümchen, junge Brennnesseln, Kamille, Schafgarbe, Erbsengrün, Melde, Liebstöckel, Kerbel, Majoran **gelegentlich:** Petersilie, Klee
Gemüse	**täglich:** Grünkohl, Kohlrabi, Sellerie, Steckrübe, Brokkoli, Feldsalat, Kopfsalat, Paprika, Romanesco, Eisbergsalat, Chinakohl, Topinambur, Fenchel **gelegentlich:** Blattspinat, Endivien, Gurke, Karotte, Spargel, Rote Bete, Mais, Mangold, Chicorée **nicht geben:** Lauchgewächse, grüne Tomaten, rohe Bohnen
Obst	**gelegentlich in kleinen Mengen:** Apfel, Birne, Clementine, Orange, Erd- und Himbeere, Melone, Kiwi, Ananas, Banane, Hagebutte, Mandarine
Zweige und Blätter	**täglich, auch in größeren Mengen:** Apfel, Birne, Haselnuss, Heidelbeere, Johannisbeere, Erdbeer- und Himbeerblätter, Radieschenblätter (alles ungespritzt und unbehandelt) **täglich, aber in kleinen Mengen:** Birke, Buche, Weide, Pappel, Ahorn, Rottanne (Fichte), Erle, Hainbuche, Linde, Esche (alles ungespritzt und unbehandelt) **selten:** Blätter von Steinobstbäumen, wie Pflaume, Kirsche, Pfirsich **giftig:** Eibe, Thuja, Essigbaum, Efeu, Rhododendron, Forsythie
Winterfutter bei Außenhaltung	Topinamburknolle, Kohlrübe, Stangen- und Knollensellerie, Petersilienwurzel, Grünkohl, Pastinake, Fenchelknolle
Bitte beachten	Füttern Sie kein verschimmeltes, angefaultes oder gefrorenes Futter. Frischfutterreste sollten regelmäßig entfernt werden.

Das richtige Fertigfutter

Fertigfutter ist der einfachste Weg, um Kaninchen zu ernähren. Alles, was die Mümmelmänner brauchen, steckt in der Tüte. Klingt praktisch. Zu einer ausgewogenen und gesunden Ernährung gehört aber auch ausreichend frische Kost.

TOP ODER FLOP? Das fragt sich mancher Kaninchenhalter, wenn er eine Fertigfuttermischung in der Hand hält. Der Kaufanreiz ist groß, denn auch bei der Ernährung soll heute alles einfach und schnell gehen.

Das Wohlstandskaninchen

Rund und gesund? Wohl eher nicht. Der Wohlstand hat auch vorm Kaninchengehege nicht haltgemacht. Heute gibt es alles, was ein Hoppelherz begehrt und viele Leckereien noch dazu. Dabei leiden Kaninchen genauso unter überflüssigen Pfunden wie wir. Fehlt dann noch die Bewegung, werden die Langohren bequem, lethargisch und immer dicker. Die Muskulatur erschlafft, Knochen-

krankheiten, Atemwegserkrankungen, Organverfettung und Herz-Kreislauf-Probleme sind die Folgen. Die Lebenserwartung sinkt drastisch. Deshalb sollte man sich genau überlegen, was man den Tieren vorsetzt.

Auch den Moppeln kann noch geholfen werden: Stellt man die Ernährung auf gesunde, kalorienarme Kost um und sorgt für ein bisschen mehr Aktivität, geht es selbst den pfundigen Langohren meist schnell besser.

Trockenfutter – besser als sein Ruf?

Trockenfutter ist praktisch: Es ist handlich verpackt, macht keinen Dreck, spart Zeit und Arbeit und ist lange haltbar. Das trifft auch auf unsere Konservennahrung zu, und trotzdem wollen wir nicht jeden Tag Dosensuppe löffeln. Gönnen Sie daher auch Ihren Kaninchen möglichst viel Abwechslung. Das kann durchaus eine Kombination aus Frisch- und Trockenfutter sein.

Zusatzfutter Große Kaninchenrassen brauchen zwangsläufig auch größere Futterportionen. Was dem Zwerg eine ganze Woche lang reicht, hat die Riesenschecke oft schon an einem einzigen Tag verputzt. In solchen Fällen erweist sich zusätzliches Trockenfutter als durchaus hilfreich.

TIPP

Keine Mineralsteine

Wenn Kaninchen abwechslungsreich ernährt werden, können sie ihren Bedarf an Mineralien über das Futter abdecken. Zusätzliche Lecksteine sind daher nicht nur überflüssig, sie schaden letztlich sogar der Gesundheit, da eine übermäßige Aufnahme von Mineralstoffen die Bildung von Harnsteinen fördert.

Gesundes Kaninchen-Buffet: hochwertiges Heu, Grünfutter, Zweige, Wasser, Gemüse und ab und zu Obst.

Keine Dickmacher Beim Trockenfutter gibt es große Unterschiede. Es lohnt sich, die Zutatenliste genauer zu studieren. Generell werden die Bestandteile in der Reihenfolge ihres Mengenanteils genannt. Wenn Sie also gleich in der ersten Zeile etwas von Getreide, Nüssen oder Melasse lesen, dann stellen Sie die Tüte schnell ins Regal zurück. Dickmacher brauchen Ihre Tiere auf keinen Fall. Gesundes Trockenfutter besteht vor allem aus Gräsern, Kräutern und Gemüse und hat einen Rohfaseranteil von mindestens 16 Prozent. Der Proteingehalt darf 15 Prozent nicht überschreiten, zu viel Eiweiß in der Nahrung wird in Fett umgewandelt und macht aus Kaninchen dicke Moppel.

Lieber Pellets Bevorzugen Sie Pellets, auch wenn sie optisch nicht viel hermachen und man lieber zur bunten Müslimischung greift. Die Farbe ist mehr ein Kaufanreiz für Sie, Ihre Langohren interessiert das wenig. Aber sie wissen, was schmeckt und sortieren beim Müsli alles andere sorgfältig aus. Das wirklich Gesunde bleibt dann oft im Futternapf zurück. Die Verpackungsaufschrift »nährstoffangereichert« sollte Sie stutzig machen. Kaninchen, die genug Frischfutter bekommen, brauchen diese Zusätze nicht.

Heucobs Noch ein Wort zu den Heucobs. Es ist mir ein Rätsel, warum man frisches und duftendes Heu zu hässlichen Minipaketen zusammenpressen muss. Die kurzfaserigen Bestandteile können die Funktion eines gesunden Zahnabriebs nicht ausreichend erfüllen. Versuchsweise habe ich meinen Tieren

Welches Heu lieben meine Kaninchen besonders?

Heu ist die Grundnahrung der Kaninchen. Testen Sie, welche Sorte Ihren Tieren am besten schmeckt. Füllen Sie zwei Raufen mit verschiedenen Heusorten, zum Beispiel eine mit Wiesen- und eine mit Waldheu. Am nächsten Tag gibt es neue Testsorten.

Der Test beginnt:

○ Welche Raufe wird von den Kaninchen am schnellsten geleert?
○ Wie kommen die einzelnen Sorten bei den Mümmelmännern an?
○ Fressen Ihre Kaninchen zuerst eine bestimmte Heusorte und lassen die anderen liegen?
○ Sind Langohren auch beim Essen Individualisten mit unterschiedlichen Geschmäckern?
○ Gibt es eine Heusorte, die von allen Kaninchen verschmäht wird?

Mein Testergebnis:

Heucobs vorgesetzt, aber sie haben sie nur kurz beschnüffelt und dann einfach links liegen lassen. Natürlich sind die Pressteile praktisch und machen weniger Dreck. Aber wer nun jede Mühe und Arbeit scheut, sollte auf Tiere als Untermieter vielleicht besser verzichten.

Genuss ohne Reue

In den Zoofachgeschäften und Supermärkten findet man ein umfangreiches Angebot an Snacks für Heimtiere. Mein Sohn sagte neulich sehr treffend: Hier sieht es aus wie in der Süßwarenabteilung. Da ist tatsächlich etwas dran. Und genauso, wie man dort nach gesunden Leckereien für die Kids Ausschau hält, sollte man auch bei den Kaninchen-

Snacks die Zutatenliste sorgfältig lesen. Man muss nicht auf alles verzichten – aber bitte Maß halten! Zuckerbomben sollten die Ausnahme bleiben. Verwöhnen Sie Ihre Langohren lieber mit Knabbereien aus Wildkräutern und hochwertigem Heu. Im Winter ist ab und zu auch Trockenobst und Trockengemüse erlaubt. Verpackt als kniffliges Futterspiel – zum Beispiel im Weidenball – werden so beim Fressen überflüssige Kalorien gleich wieder verbrannt. **Mein Tipp** Auch eine simple Karotte lässt Kaninchenherzen höher schlagen.

Kaninchens Kletterparadies: Baumstämme bilden das Gerüst, Tannenzweige sorgen für die nötige Deckung.

Fragen zu
Ernährung und Futterpflanzen

? Warum sollte man keine Pflanzen an Straßenrändern sammeln?
Gerade an viel befahrenen Straßen ist die Schadstoffbelastung der Pflanzen durch die Autoabgase hoch. Zudem sind Straßenränder beliebte Toilettenplätze von Hunden. Auch Feldraine sind nicht die richtigen Sammelplätze. Die Kräuter und Gräser wachsen dort nur deshalb so gut, weil sie regelmäßig mitgedüngt werden. Suchen Sie sich lieber eine wilde Wiese, auch wenn Sie dafür etwas weiter laufen müssen.

? Der Tierarzt ist der Meinung, dass unsere beiden Kaninchen zu dick sind. Soll ich sie auf Diät setzen?
Bitte keine Nulldiät, Kaninchen dürfen niemals fasten. Ich vermute, dass Ihre Tiere bisher Trockenfutter bekommen haben oder mit zu vielen Leckereien verwöhnt wurden. Reduzieren Sie die kalorienreiche Kost. Geben Sie in Zukunft hauptsächlich Heu, Wasser und Grünfutter. Äste und Zweige sind gesundes Nagematerial und sorgen für Abwechslung. Kleine Portionen Gemüse und Obst sind erlaubt. Ein bisschen mehr Bewegung kann auch nicht schaden. Animieren Sie Ihre Langohren dazu, indem Sie ihnen Beschäftigungsangebote machen. Gut geeignet sind zum Beispiel mit Futter bestückte Snackballs, bei denen sich die Kaninchen ihr Futter durch Rollen der Kugel »verdienen« müssen. Weitere Anregungen finden Sie in Kapitel 6. Es wird meist einige Zeit dauern, bis sich die ersten Erfolge einstellen, aber dann purzeln die »Pfunde« bestimmt.

? Warum sollte man kein Gras verfüttern, das mit dem Rasenmäher gemäht wurde?
Das kurz geschnittene Gras fängt sehr schnell zu gären an und verursacht bei den Kaninchen heftige Bauchschmerzen. Zudem ist es durch die Rückstände der geölten Mähmesser und bei Benzinrasenmähern durch Abgase verunreinigt.

? Wir wollen unsere Kaninchen von Trocken- auf Grünfutter umstellen. Worauf müssen wir besonders achten?
Eine Nahrungsumstellung muss immer sehr langsam erfolgen. Magen und Darm des Kaninchens sind sehr störanfällig und rebellieren schnell. In der Regel erhalten die Langohren einen Esslöffel Trockenfutter pro Kilogramm Körpergewicht. Reduzieren Sie diese Ration Schritt für Schritt und geben Sie dafür ausreichend Heu, damit die Kaninchen genügend Rohfaserstoffe aufnehmen. Die Rohfasern sorgen für eine ausgeglichene Verdauung. Nach einigen Tagen können Sie zusätzlich Grünfutter und Gemüse anbieten. Immer nur in sehr kleinen Mengen, damit sich die Darmflora auf die noch ungewohnte Kost einstellen kann. Beobachten Sie, ob den Tieren die neue Kost

bekommt. Das gilt natürlich auch für jedes andere Futter, das sie probieren. Funktioniert die Umstellung ohne Probleme, können Sie es nun auch mit kleinen Portionen Obst versuchen. Die bitte aber nur gelegentlich als besondere Leckerbissen. Ein paar ungiftige Äste und Zweige als Nagematerial runden den neuen Speiseplan Ihrer Langohren ab.

? Wir haben gelesen, dass man das Freigehege nach Giftpflanzen absuchen sollte. Unsere Kaninchen bekommen täglich Auslauf im Garten und fressen alles. Bisher ist nichts passiert.

Wildkaninchen wissen instinktiv, was sie fressen dürfen und was nicht. Bei den Hauskaninchen kann dieser natürliche Instinkt aufgrund der Domestizierung teilweise verloren gegangen sein. Deshalb ist Vorsicht geboten. Auch wenn bisher nichts passiert ist, sollten Sie zumindest offensichtliche Giftpflanzen entfernen. Unsere Freigehege sind so weitläufig, dass es unmöglich ist, alles genau abzusuchen. Es fällt aber auf, dass die Tiere bestimmte Pflanzen stehen lassen. Ich vermute, dass bei ständiger Außenhaltung die Instinkte noch besser ausgeprägt sind und die Kaninchen sich möglicherweise sogar untereinander »anleiten«.

? Meine Kinder geben ihren Kaninchen immer wieder ein bisschen von ihrer Schokolade ab. Die Tiere fressen sie auch sehr gern. Ist das schädlich für sie?

Kaninchen sind richtige kleine Naschkatzen, und viele haben eine Schwäche für Süßes. Aber gesund ist das auf keinen Fall. Es bringt die gesamte Verdauung durcheinander, und die Tiere können ernsthaft krank werden. Erklären Sie Ihren Kindern, wie gefährlich Schokolade für die Kaninchen ist. Als kleinen Snack zwischendurch sollten sie ihren Lieblingen besser eine Karotte oder ein Stückchen Apfel anbieten. Vielleicht steigen ja auch Ihre Kinder dann auf die gesündere Kost um.

? Stärkt es ihre Gesundheit, wenn ich unseren Kaninchen Vitaminzusätze anbiete?

Nein, ich halte Vitaminzusätze für nicht nötig. Ein ausgewogener Speiseplan deckt den Vitaminbedarf Ihrer Kaninchen gut ab. Eine Ausnahme sind kranke und trächtige Tiere. Bei ihnen können zusätzliche Vitamingaben sinnvoll sein. Das sollte aber immer der Tierarzt entscheiden.

? Warum soll man den Mümmelmännern keinen Kohl füttern?

Einige Kohlsorten wirken stark blähend. Meiden sollten Sie deshalb besonders Hartkohlsorten, wie zum Beispiel Rot-, Rosen- und Weißkohl. Brokkoli und Co. können Sie jedoch unbesorgt anbieten. Diese Sorten sind sogar sehr gesund.

5

Gut gepflegt und rundum gesund

Artgerechte Haltung, gesunde Ernährung, gewissenhafte Hygiene und vorbeugender Impfschutz sind beste Voraussetzungen für ein langes, gesundes und glückliches Kaninchenleben.

Gewissenhafte Vorsorge ist der beste Schutz

Jeder Halter will seine Kaninchen bestmöglich vor Krankheiten schützen. Mit guter Pflege, gesunder Ernährung und einer umfassenden Gesundheitsvorsorge sind Sie auf dem besten Weg und sorgen für ein langes und glückliches Kaninchenleben.

DIE GESUNDHEIT eines Kaninchens hängt nicht allein von ihm selbst ab. Seine Umwelt und auch der Mensch haben einen nicht zu unterschätzenden Einfluss, der sich positiv, aber auch negativ auswirken kann.

Wie es zu Erkrankungen bei Kaninchen kommt

Das Immunsystem der Kaninchen ist ebenso komplex wie das des Menschen. Schon leichte Störungen können die Gesundheit der Langohren in Gefahr bringen. Die Entstehung einer Krankheit hängt von der Konstitution und der Disposition (der Anfälligkeit für Krankheiten) eines Tieres ab und von inneren und äußeren Krankheitsursachen. Die meisten Kaninchenkrankheiten sind sogenannte Faktorenkrankheiten: Erst wenn mehrere ungünstige Bedingungen zusammentreffen, bricht die Erkrankung aus. Mit dieser Erkenntnis können wir viel zur Gesundheit der Langohren beitragen. Über richtige Ernährung und optimale Haltungsbedingungen haben wir schon gesprochen. Es gibt aber noch andere Möglichkeiten, mit denen wir das Leben eines Kaninchens positiv beeinflussen können.

Rassebedingte Probleme

Zuchtbedingte Krankheiten beeinträchtigen das Leben der Tiere mehr oder minder stark. Die Schlappohren der Widder machen oft Probleme; Zwerge neigen wegen ihres verkürzten Kiefers zu Zahnfehlstellungen, was sich aufs Fressverhalten auswirkt. Extrem anfällig sind Miniaturzüchtungen, bei denen der Niedlichkeitsfaktor über die Gesundheit gestellt wird. Von diesen Qualzüchtungen kann man nur abraten. Wer keinen Wert auf Reinrassigkeit legt, sollte sich für Mischlinge entscheiden. Wildfarbene Tiere sind besonders resistent.

Für gesunde Zuchttiere: Der Zentralverband Deutscher Rassekaninchenzüchter e. V. (ZDRK) hat für die Zwergkaninchen ein Mindestgewicht von einem Kilogramm festgelegt.

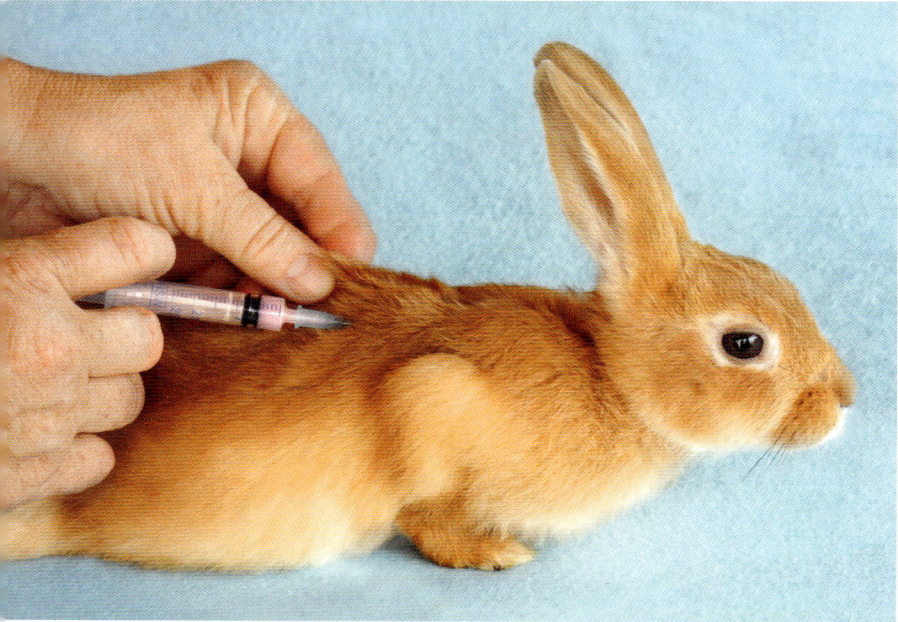

Mit einer gewissenhaften Hygiene und regelmäßigen Impfungen schützen Sie die Langohren am zuverlässigsten vor den gefährlichen Kaninchenseuchen.

Vorbeugen durch Impfen

Viele Krankheitserreger können erst dann zum Zug kommen, wenn das Immunsystem geschwächt ist. Das kann bei den Langohren zum Beispiel durch Stress, hohes Alter oder auch bei einer Schwangerschaft passieren. Gegen die häufigsten Kaninchenseuchen gibt es wirksame Impfungen, mit denen Sie Ihre Tiere unbedingt schützen sollten.

TIPP

Muttermilch schützt

Wenn Sie eine Häsin impfen lassen, wird der Impfschutz mit der Muttermilch auch auf ihre Kinder übertragen. Solange die Kleinen gesäugt werden, können sie nicht erkranken. Bei einer geimpften Mutter erübrigt sich daher die Erstimpfung der Jungen gegen Myxomatose und RHD in der 4. bis 6. Woche (→ rechts).

Myxomatose

Die Myxomatose ist eine Virusinfektion und wird nicht umsonst Kaninchenpest genannt. Betroffen sind vor allem Wildkaninchen. Die Verluste sind hoch, ungeimpfte Tiere haben kaum Chancen.

Übertragung Über stechende Insekten, wie Mücken und Flöhe und Zecken. Die Krankheit tritt daher verstärkt im Sommer und Herbst auf.

Symptome Schwellungen an Lippen, Nase, Nasenrücken, Augenlidern, Ohren und in der Genital- und Afterregion; eitrige Lid-Bindehautentzündung.

Behandlung Akut erkrankte Tiere müssen eingeschläfert werden. Genesung nur in wenigen Fällen bei chronischem Verlauf und schwächeren Symptomen.

Impfung Jungtiere erhalten ab der 4. bis 6. Lebenswoche zwei Impfungen im Abstand von vier Wochen; danach halbjährige Auffrischungsimpfung, möglichst vor der Mückenzeit.

Hinweis 100%igen Schutz gibt es nicht, auch korrekt geimpfte Kaninchen können an Myxomatose erkranken.

RHD

RHD (Rabbit Haemorrhagic Disease, Chinaseuche) ist eine Virusinfektion, bei der nicht geimpfte Tiere so gut wie keine Überlebenschance haben.

Übertragung Kontaktinfektion von Tier zu Tier. Ansteckung auch über kontaminiertes Frischfutter und über Insekten, Wind und Kleidung möglich.

Symptome Benommenheit, Unruhe, Atemnot. Es kommt vor, dass Tiere plötzlich zusammenbrechen, aus der Nase bluten und ersticken.

Behandlung Bei sichtbar erkrankten Tieren erfolglos. Einschläfern erspart unnötige Qualen.

Impfung Jungtiere ab 4. bis 6. Woche zwei Impfungen im Abstand von vier Wochen; danach jährliche Auffrischung.

Hinweis Es gibt eine kombinierte RHD-Myxomatose-Impfung.

Kaninchenschnupfen

Bakterielle Infektion. Die Erreger sind auch bei gesunden Tieren in der Nasenhöhle und auf der Nasenschleimhaut zu finden. Bei geschwächter Immunabwehr kommt es zum Krankheitsausbruch.

Übertragung Direkter Kontakt infizierter Tiere, zum Beispiel durch Niesen.

Symptome Nasenausfluss, Niesen, erschwertes Atmen, Lungenentzündung, Augenentzündung, struppiges Fell. Oft auch Schiefhaltung des Kopfes.

Behandlung Antibiotika bringen Linderung, können aber nicht heilen. Die Widerstandskraft der Tiere muss durch eine optimale Haltung gestärkt werden.

Impfung Grundimmunisierung durch zweifache Impfung möglich; danach jährliche Auffrischungen.

Hinweis Die Impfung gegen den Kaninchenschnupfen sollte zeitlich versetzt zu den anderen Impfungen erfolgen.

CHECKLISTE

Wichtige Hygienemaßnahmen

Sauberkeit schützt vor Krankheit

- ○ Oberstes Gebot: stets für trockene und saubere Einstreu sorgen.

- ○ Bodenwanne ein- bis zweimal pro Woche reinigen; Inventar nach Bedarf gründlich abschrubben und gut trocknen lassen.

- ○ Stoffinventar in Waschmaschine waschen.

- ○ Nicht waschbare Utensilien in einer Plastiktüte kurz bei unter −10 °C einfrieren.

- ○ Toilette täglich säubern, neu einstreuen.

- ○ Futter- und Trinknäpfe täglich mit heißem Wasser oder im Geschirrspüler reinigen.

- ○ Nippeltränken, insbesondere Ventile und Röhrchen, zweimal pro Woche gründlich säubern (zum Beispiel mit Pfeifenreiniger).

- ○ Auslaufboden nach Bedarf absaugen.

- ○ Sand in Buddelkiste nach Bedarf erneuern.

- ○ Schutzhütte in Außengehegen ein- bis zweimal wöchentlich reinigen.

- ○ Frischfutterreste regelmäßig entfernen.

- ○ Im Sommer Fliegengitter anbringen.

- ○ Tipp vom Tierarzt: Eine Lauge aus einem Enzym lösenden Waschmittel reinigt gut und wirkt viel besser als handelsübliche Desinfektionsmittel.

Perfekt gepflegt

Kaninchen sind sehr reinlich und verbringen viel Zeit mit der Körper- und Fellpflege. Sie putzen nicht nur sich selbst, sondern auch ihre Artgenossen. Schieben sie ihren Kopf unter das Kinn eines anderen Langohrs, fordern sie damit: Putz mich! Besonders in den Abendstunden kann man die Hoppel bei ausgiebiger Fellpflege beobachten. Diese Putzrituale fördern nicht nur die Gesundheit der Tiere, sondern auch ihr seelisches Gleichgewicht. Bei eingeschränkter Beweglichkeit im Alter oder durch Krankheit muss eventuell der Halter die Körperpflege unterstützen.

Mein Tipp Natursteine, Fliesen und Korkplatten unterstützen das Abwetzen der Krallen und ersparen Ihnen und den Tieren manche lästige Prozedur.

Zahnkontrolle Kaninchenzähne wachsen ein Leben lang, regelmäßige Kontrolle ist unerlässlich. Sind die Tiere von klein auf daran gewöhnt, kann man die Schneidezähne mühelos inspizieren (→ Foto rechts). Angeborene Fehlstellungen oder Fehlabnutzungen müssen vom Tierarzt korrigiert werden. Probleme mit den Backenzähnen erkennt man an verändertem Fressverhalten, vermehrtem Speichelfluss oder Gewichtsverlust. Ausreichend Heu und Nagematerial beugt Zahnschmerzen vor (→ Seite 64).

Mit der gegenseitigen Körper- und Fellpflege stärken die Kaninchen **Gemeinschaftsgefühl und soziale Kontakte** innnerhalb der Gruppe.

Lassen Sie sich vom Tierarzt die richtigen Handgriffe zeigen. Ansonsten ist Pflegehilfe nur selten nötig.

Krallenschneiden Bei Innenhaltung werden die ständig wachsenden Krallen häufig nur ungenügend abgewetzt. Zu lange Krallen rollen sich ein, behindern beim Hoppeln und verursachen Schmerzen. Sie müssen mit einer Spezialzange (Fachhandel) gekürzt werden (→ Foto rechts). Bei hellen Krallen erkennt man den Verlauf der Blutgefäße gut, und die Verletzungsgefahr ist gering. Dunkle Krallen durchleuchtet man von unten mit einer Taschenlampe, um die Gefäße sichtbar zu machen. Halten Sie das Langohr bei der ganzen Aktion gut fest. Anfängern zeigt der Tierarzt gern die richtige Technik.

Fellpflege Den Wechsel vom Winter- zum Sommerfell und umgekehrt kann man bei Außenhaltung gut beobachten. Zusätzliche Pflege ist nicht nötig, da die Tiere das überschüssige Fell von alleine abstreifen. Wohnungskaninchen haaren weniger stark, dafür länger. Durch Bürsten kann der Fellwechsel unterstützt werden. Geeignete Pflegeutensilien, wie Bürsten mit Naturborsten oder Kämme mit drehbaren Zinken, gibt es im Fachhandel. Ausnahme: Langhaarkaninchen. Sie brauchen tägliche, aufwendige Fellpflege und eine regelmäßige Schur.

Mein Tipp Ein Stückchen frischer Ananas täglich verhindert, dass verschluckte Haare im Magen zu Ballen verkleben und Verdauungsprobleme verursachen.

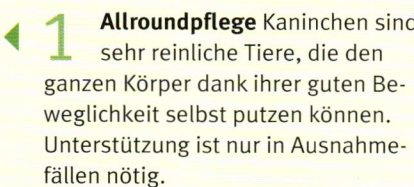

1 **Allroundpflege** Kaninchen sind sehr reinliche Tiere, die den ganzen Körper dank ihrer guten Beweglichkeit selbst putzen können. Unterstützung ist nur in Ausnahmefällen nötig.

Langhaarkaninchen Die langhaarigen Rassen stellen besondere Ansprüche. Damit die »Frisur« gut sitzt, bedarf es einer aufwendigen Fellpflege. Tägliches Bürsten und Kämmen gehören zum Pflichtprogramm. **2** ▶

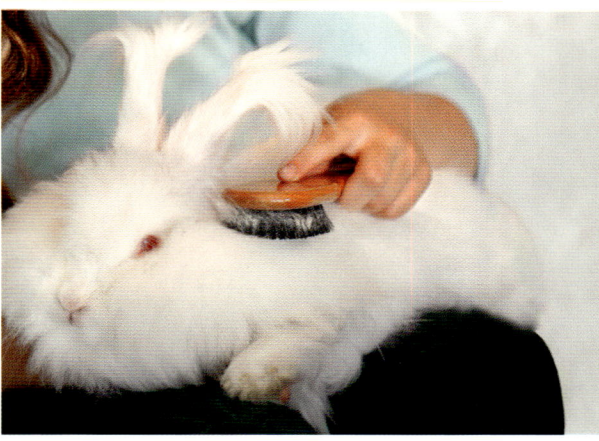

3 **Zahnkontrolle** Die unteren Schneidezähne sollten in Ruhestellung hinter den oberen Schneidezähnen auf den Stiftzähnen aufliegen. Durch ständige Reibung beim Kauen wetzen sie sich gegenseitig ab.

Pediküre Die fünf Krallen an den Vorderpfoten des Kaninchens und die vier an seinen Hinterpfoten dürfen nur wenig aus dem Pfotenfell herausschauen. Kürzen Sie sie bis auf ca. 7 mm vor den Blutgefäßen. **4** ▶

Das Plus der Außenhaltung

Kaninchen in Außenhaltung fühlen sich wohler und sind widerstandsfähiger als ihre Kollegen im Haus. Die große Bewegungsfreiheit verhindert Gewichts- und Verdauungsprobleme, das regelmäßige Umrücken der Gehege sorgt für frischen Untergrund und neue Futterplätze, auf den unterschiedlichen Böden bleiben

Sie zumindest in kleineren Gehegen offensichtliche Giftpflanzen entfernen. **Hinweis** Bei einigen Giftpflanzen, etwa dem Hahnenfuß, werden die Giftstoffe beim Trocknen abgebaut. Als Bestandteil im Heu sind sie daher unbedenklich. **Krankheitserreger** Ein Insektenschutznetz über dem Freigehege schützt vor eventuell infizierten Mücken und Fliegen. Auch Teebaumöl, einfach ins Fell gerieben, hält lästige Blutsauger fern. Sie können den Geruch nicht ausstehen. Für Ihre Langohren ist es unbedenklich.

WUSSTEN SIE SCHON, DASS …

… Kaninchen mit den Ohren schwitzen?

Kaninchen besitzen nur wenige Schweißdrüsen. Im Sommer dienen ihre großen Löffel dazu, die Körpertemperatur zu regulieren. Da die Ohren stark durchblutet sind, kann überschüssige Wärme über sie gut abgegeben werden. Sollten Ihre Langohren tatsächlich einmal zu viel Sonne abbekommen haben, kann es sich als hilfreich erweisen, ihre Ohren mit einem angefeuchteten, aber nicht zu kalten Tuch zu kühlen.

die Krallen kurz, die rohfaserreiche Kost hält die Zähne in Schuss. Zudem vermutet man, dass die UV-Strahlen der Sonne Krankheitserreger abtöten.

Auf Nummer sicher im Freien

Hitzefalle Ein Hitzschlag trifft Kaninchen in geschlossenen Räumen viel eher als draußen. Hier genügt ein natürlicher oder künstlicher Schattenspender, Frischluft gibt es gratis.
Giftpflanzen Die meisten Hauskaninchen wissen instinktiv, was sie futtern dürfen und was nicht. Trotzdem sollten

Fliegenmaden Gefährdet sind Kaninchen, die sich nicht mehr richtig putzen können oder offene Wunden haben. Die Fliegen legen ihre Eier an verschmutzten oder verletzten Körperstellen ab. Binnen weniger Stunden entwickeln sich die Larven, bohren sich in die Haut und fressen das Tier von innen her auf. Zu spät erkannt, kann auch der Tierarzt nicht mehr helfen. Wir halten unsere Langohren seit vielen Jahren in Freigehegen, hatten aber noch keinen einzigen Fall von Fliegenmadenbefall. Auch hier gilt: Sauberkeit hält gesund.

Hilfe für kranke Kaninchen

Auch bei der besten Haltung kann es einmal vorkommen, dass ein Kaninchen krank wird. Eine rasche Diagnose und die gewissenhafte Behandlung sorgen dafür, dass Ihr Liebling schon bald wieder gesund und munter ist.

EIN GUTER TIERARZT ist manchmal schwer zu finden, nicht jeder kennt sich mit Kleintieren gut aus. Kümmern Sie sich rechtzeitig darum, denn im Notfall muss es oft schnell gehen. Fragen Sie andere Halter nach ihren Erfahrungen oder erkundigen Sie sich im Tierheim.

Gesundheitskontrolle

Wer in freier Natur Schwäche zeigt, hat schon verloren. Ihr Instinkt als Beutetier sagt Kaninchen, dass sie Krankheiten lieber verbergen sollten. Für den Halter ist es daher nicht leicht, Auffälligkeiten frühzeitig zu erkennen. Der regelmäßige Gesundheitscheck hilft ihm dabei:

Täglich
- Kommen alle Tiere zum Futternapf?
- Fressen sie normal und mit Appetit?
- Sind sie munter und interessiert?
- Bewegen sie sich flüssig und ohne sichtbare körperliche Behinderungen?
- Ist der Kot normal geformt?

Wöchentlich
- Ist das Fell sauber und glänzend?
- Stellen Sie beim Abtasten des Körpers Knoten oder Verdickungen fest?
- Sind die Ohren sauber und ohne Verkrustungen?
- Sind die Augen klar und tränen nicht?
- Ist die Nase sauber und nicht verklebt? Niest ein Tier häufig?
- Ist die Analregion sauber?
- Hat sich das Gewicht deutlich verändert (Kontrolle durch Wiegen)?

Monatlich
- Sind die Krallen ausreichend kurz?
- Stehen die Zähne richtig und sind sie nicht zu lang?

Trennen Sie ein Tier, das sich auffällig verhält, von den Artgenossen, um eine mögliche Ansteckung zu verhindern. Stellt der Tierarzt fest, dass dafür keine Gefahr besteht, darf der Patient zurück in die Gruppe. Im Kreis seiner Familie wird er am schnellsten gesund.

TIPP

Gesund durch Leinsamen

Leinsamen ist eine wahre Quelle ungesättigter Fettsäuren. Er unterstützt den Fellwechsel und sorgt für ein schönes, glänzendes und dichtes Fell der Kaninchen. Darüber hinaus wirkt Leinsamen regulierend auf die gesamte Verdauung und fördert die Milchproduktion bei den jungen Häsinnen.

Viele Kaninchenkrankheiten können durch
artgerechte Haltung und sorgfältige Pflege
abgeschwächt oder ganz vermieden werden.

Sofortmaßnahmen

Auffälligkeiten sollten stets vom Tierarzt abgeklärt werden. Es muss nicht gleich eine ernsthafte Erkrankung sein, doch rechtzeitige Behandlung erhöht die Heilungschancen und erspart Schmerzen.

Durchfall

Symptome Weicher Kot, verschmutzter After, Allgemeinzustand oft unauffällig.
Behandlung Diät mit Heu und Wasser. Zusätzlich Kamillen- oder Fencheltee anbieten. After mit warmem Wasser säubern, kotverschmutztes Fell eventuell vorsichtig kürzen. Den Patienten danach gut abtrocknen.
Bitte beachten Wenn Durchfall länger als 24 Stunden anhält, das Kaninchen unbedingt dem Tierarzt vorstellen.

Kühles Plätzchen an heißen Tagen: Kühlakku, unter einem Topfuntersetzer gesichert.

Verstopfung

Symptome Geringer oder überhaupt kein Kotabsatz, fester Bauch.
Behandlung Nur Heu und Wasser anbieten, kein Trockenfutter. Zusätzlich eventuell Fenchel- oder Kümmeltee. Für viel Bewegung sorgen, damit die Verdauung wieder in Gang kommt.

Trommelsucht

Symptome Aufgeblähter Magen an der linken Körperseite, beim Abklopfen trommelartiger Ton, zum Teil Atemnot.
Behandlung Sofort zum Tierarzt! Für das Kaninchen besteht Lebensgefahr.

Hitzschlag

Symptome Apathie, flache Atmung oder Atemnot, weit aufgerissene Nasenflügel, bläulich verfärbte Schleimhäute, taumelnde Bewegungen.
Behandlung Sofort an kühlen Ort bringen. Feuchtes, nicht zu kaltes Tuch über den Körper legen, damit die Körpertemperatur sinkt (normal 38,5–40 °C). Niemals kalt abduschen oder baden! Im akuten Fall Kreislauf mit ca. 2 ml kaltem Bohnenkaffee (ein Teelöffel auf eine Tasse) anregen, der mit Einwegspritze (ohne Nadel) eingeflößt wird. Bieten Sie frisches, kühles Wasser an.
Vorbeugen In der Wohnung direktes Sonnenlicht vermeiden, auf gute Belüftung achten. Kühle Fliesen im Auslauf verschaffen Erleichterung, ebenso ein feuchtes Tuch über dem Gehege. Den Sand in der Buddelkiste eventuell leicht mit Wasser besprühen. Im Freigehege

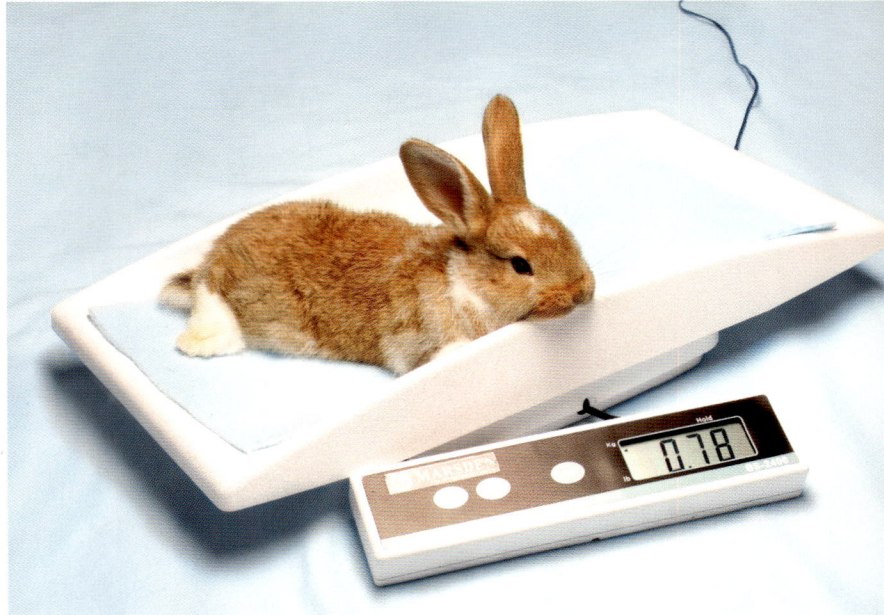

Auf die Waage: Die regelmäßige Gewichtskontrolle gibt nicht nur Auskunft über die Entwicklung der Jungtiere, sondern kann auch auf mögliche Erkrankungen hinweisen.

muss es unbedingt Schattenplätze geben. Mit Eiswürfeln gefüllte Plastiktüten oder Kühlakkus (gesichert unter schweren Tontöpfen) schaffen Erfrischungsplätze. So bleiben Ihre Hoppel auch in der heißen Jahreszeit »cool«.

An die Reisebox gewöhnen

Gewöhnen Sie die Kaninchen rechtzeitig an die Transportbox. Speziell im Krankheitsfall, wenn es einem Tier sowieso nicht gut geht, muss zusätzlicher Stress vermieden werden. Am besten bezieht man die Box von Anfang an ins Lebensumfeld der Langohren mit ein. Machen Sie ihnen die offene Box mit Spielzeug oder Kuscheldecke schmackhaft. Es dauert nicht lange, und der erste Hoppel hält darin ein ausgedehntes Nickerchen. Ohne Angst lassen sich die Tiere nun im Notfall problemlos hineinlocken.
Mein Tipp Setzen Sie die Box auch für positive Erlebnisse ein, wie zum Beispiel den Transport ins Freigehege. Dann spazieren Ihre Lieblinge von selbst hinein.

Beim Tierarzt

Um die Arbeit des Tierarztes zu erleichtern und Ihrem kranken Kaninchen schnelle Hilfe zuteilwerden zu lassen, sollten Sie den Impfpass und folgende Informationen bereithalten:
▸ Alter des Tieres und das Ergebnis der letzten Gewichtskontrolle
▸ eventuelle frühere Erkrankungen
▸ Fressverhalten
▸ Auffälligkeiten und Probleme, die Sie zum Tierarztbesuch veranlassten
▸ bereits eingeleitete Maßnahmen
Ein guter Tierarzt stellt seine Diagnose erst nach eingehender Untersuchung. Lassen Sie sich genau erklären, was mit Ihrem Langohr nicht stimmt und welche Therapie nötig ist. Fragen Sie nach, wenn Ihnen etwas seltsam oder unverständlich erscheint.
Mein Tipp Bei Verdauungsproblemen ist es meist hilfreich, wenn Sie schon eine Urin- und Kotprobe mitbringen. Mit einer Einwegspritze lässt sich ein Urinpfützchen leicht aufziehen.

Etwas Geduld und kleine Tricks sorgen dafür, dass Ihre Kaninchen auch **bittere Pillen schlucken,** ohne gleich den Aufstand zu proben.

Medizin verabreichen

Was tun, wenn ein Kaninchen die Tablette nicht nimmt, die Flüssigmedizin im Trinknapf verschmäht oder die sorgfältig aufgetragene Salbe sofort der nächsten Putzaktion zum Opfer fällt? Mit etwas Einfallsreichtum und kleinen Tricks überlisten Sie Ihre Langohren.

Richtig halten Um Medikamente richtig verabreichen zu können, muss man die kleinen Patienten gut fixieren. Am besten am Boden, weil sich Kaninchen dort am wohlsten fühlen und nicht abstürzen können, falls Panik ausbricht. Auch ein Tisch mit rutschfester Auflage ist geeignet. Wichtig ist der sichere Griff, damit das Kaninchen sich selbst und Sie nicht verletzt. Die Grifftechnik hängt von Größe, Gewicht und Temperament des Langohrs ab. Jeder Halter entwickelt mit der Zeit so seine eigene Methode.

Mein Tipp Manche Kaninchen lassen sich auch in Hypnose versetzen. Mein Sohn hat wohl das richtige Händchen und Gespür dafür. Er legt das Tier auf den Rücken und wiegt es in den Armen oder im Schoß sanft hin und her. Dann beugt er langsam den Kopf des Kaninchens zurück und murmelt einige beruhigende Worte. Nach kurzer Zeit ist das Tier »weggetreten« und kann sehr gut behandelt werden. Vielleicht gehören Sie ja auch zu den Kaninchenflüsterern.

Tabletten und Pillen Bieten Sie die Tablette zunächst einfach aus der Hand an. Manche Tiere fressen sie anstandslos, als wäre das ganz selbstverständlich. Andere schnüffeln nur kurz und verzichten dann lieber. Überlisten können Sie die Feinschmecker, indem Sie die Pille im Lieblingsfutter verstecken. Geeignet ist vor allem Süßes, das den oft bitteren Arzneigeschmack überdeckt. Platzieren Sie die Tablette in einer Weintraube oder einem Stückchen Banane. Ein mit leckeren Kräutern umwickeltes »Gesundheitspaket« wird auch nicht verachtet. Doch Kaninchen sind lernfähig: Es kann gut sein, dass Sie beim nächsten Mal einen neuen Trick brauchen.

Flüssige Arznei Testen Sie auch hier zuerst die leichte Tour: Mit etwas Glück schlabbert Ihr Liebling Tropfen oder Flüssigmedizin aus einem Schälchen. Klappt das nicht, mischt man die Arznei einfach unters Futter. Nachteil: Frisst der Patient nur einen Teil seiner Ration, weiß man nicht, wie viel Medizin er schon geschluckt hat. Praxisgerechter ist die Einmalspritze (ohne Nadel): Flüssigkeit aufziehen und seitlich ins Maul spritzen. Aber bitte mit Bedacht, damit das Kaninchen sich nicht verschluckt. Ist es an regelmäßige Zahnkontrollen gewöhnt, gibt es selten Schwierigkeiten.

Salben Tiere, die Streicheleinheiten mögen, genießen es sogar, wenn man ihnen eine Salbe aufträgt. Ein Zappelphilipp verlangt da schon mehr Einsatz. Damit die Salbe zumindest für einige Zeit dort bleibt, wo sie ihre Wirkung entfalten soll, muss man den Putzdrang des Kaninchens unterdrücken – zum Beispiel durch das Lieblingsfutter oder attraktive Beschäftigungsangebote.

Ohrentropfen Die Kaninchen mögen Ohrentropfen genauso wenig wie wir. Deshalb müssen Sie das Langohr sicher im Griff haben, damit es nicht schon nach dem allerersten Tropfen das Weite sucht. Versuchen Sie mit der Pipette möglichst dicht an die Ohröffnung heranzukommen, ohne sie zu berühren. Tröpfeln Sie zügig, denn meist haben Sie nur einen einzigen Versuch. Fast immer wehrt sich das Kaninchen und schüttelt dabei heftig den Kopf. Dies begünstigt allerdings die Verteilung der Tropfen, vorausgesetzt natürlich, Sie haben den richtigen Weg gefunden.

Augentropfen Augentropfen lassen sich relativ leicht verabreichen: unteres Lid sanft nach unten ziehen und Tropfen einträufeln. Man kann auch das obere Lid anheben und das Medikament dann direkt auf den Augapfel geben.

Einsprühen Gegen Parasiten kommen häufig Sprays zum Einsatz. Ziehen Sie Einmalhandschuhe an, sprühen Sie das Spray darauf und verteilen Sie den Flüssigkeitsfilm im Fell. Alternativ können Sie auch eine Bürste besprühen und das Fell damit auskämmen. Halten Sie sich exakt an die Anweisung, damit das Mittel richtig wirken kann. Auf keinen Fall jedoch dürfen Sie das Tier direkt mit dem Spray behandeln.

Bitte beachten Medizin im Futter darf nur dem Patienten zugänglich sein. Die Gabe über das Trinkwasser ist nicht sinnvoll, da Kaninchen nur sporadisch und manchmal gar nicht trinken.

Baden nur im Notfall

Kaninchen sollten nur im Ausnahmefall und auf ausdrückliche Anweisung des Tierarztes gebadet werden. In der Regel reicht es, die betroffenen Körperteile zu waschen und zu säubern, wie zum Beispiel eine wegen Durchfall verschmutzte Afterregion. Wichtig: Nach dem Voll- oder Teilbad gut abtrocknen. Ein Föhn leistet hier gute Dienste, wenn er den Patienten nicht allzu sehr erschreckt.

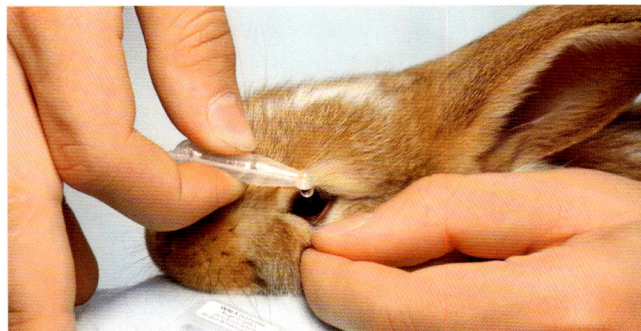

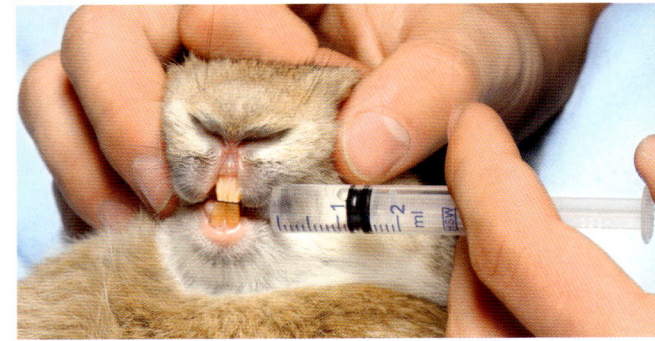

Tropfen und Flüssigmedizin

▶ 1 **Augentropfen** Ziehen Sie das untere Lid sanft nach unten und träufeln Sie die Arznei in den Bindehautsack. Bei Bindehautentzündung bewähren sich Euphrasia-Augentropfen.

▶ 2 **Flüssige Arznei** Die Medizin lässt sich gut mit der Einwegspritze (ohne Nadel) verabreichen. Kaninchen wie zur Zahnkontrolle halten und Arznei langsam seitlich ins Maul spritzen.

Sanfte Hilfe

Ein guter Tierarzt setzt auch pflanzliche Präparate ein und gibt Ihnen Tipps, wie Sie die Widerstandskräfte eines Kaninchens auf natürliche Weise stärken.

Kräuteranwendungen

Speziell bei Verdauungsproblemen bringen Kräuter wirksame Hilfe (→ rechte Seite). Man kann sie im Garten oder auf der Fensterbank selbst ziehen. Wenn Sie lieber sammeln: bitte immer nur auf ungedüngten Wiesen weitab von Autoabgasen und anderen Schadstoffen. Fast alle Kräuter lassen sich gut für den Winter trocknen und in Blechdosen aufbewahren. Nicht geeignet sind Plastiktüten und Kunststoffdosen. Hier kann die Restfeuchtigkeit nicht entweichen und es bildet sich Schimmel. Getrocknete Kräuter gibt es natürlich auch in der Apotheke und in Kräuterläden. Man verfeinert damit das Heu oder reicht sie den Kaninchen bei Bedarf pur. Der Zoohandel bietet auch Mini-Heupakete an, die eine genau abgestimmte Kräutermischung enthalten.

Inhalieren Kräuter eignen sich gut zum Inhalieren bei Atemwegserkrankungen. Ein Thymian-Aufguss kuriert so manche Schnupfnase. Der Patient kommt in die Transportbox, der Topf mit den heiß überbrühten Kräutern vor die Gittertür. Ein Tuch über Box und Topf sorgt dafür, dass der heilende Dampf auch ankommt. Die Abdeckung nicht bis zum Boden ziehen, damit das Langohr nicht in Atemnot gerät. Drei Anwendungen täglich für je 10–15 Min. reichen aus.

Hinweis Auch Kamille hilft, trocknet aber schnell die Schleimhäute aus.

Aufguss Bei Verdauungsbeschwerden hilft Kamillen- oder Fencheltee, ungesüßt und zusätzlich zum Trinkwasser. Weidenrinden-Sud senkt Fieber; entzündete Augen können mit Fencheltee betupft oder ausgewaschen werden.

Hinweis Nie Kamille für die Augen! Die Sporen verschlimmern die Erkrankung.

Umschläge und Salben Umschläge aus Ringelblumen- und Arnikatinktur helfen hervorragend bei Verstauchungen, Verrenkungen und Hautverletzungen. Ein bis zwei Teelöffel Blüten mit 0,25 Liter kochendem Wasser überbrühen und 5 bis 10 Min. ziehen lassen. Nach dem Abkühlen ein Leinentuch darin tränken und auf die verstauchte oder verletzte Körperpartie legen. Noch einfacher geht es mit fertiger Salbe (in Apotheken und Drogerien).

◀ *Unter Hypnose lassen sich Kaninchen sehr gut behandeln. Trotzdem sollten Sie immer eine Hand am Tier haben, falls es vorzeitig wieder erwacht und aufzuspringen versucht.*

HEILPFLANZEN, DIE KRANKEN KANINCHEN AUF DIE BEINE HELFEN

DIE WICHTIGSTEN KRÄUTER UND IHRE HEILWIRKUNG

Brennnessel (welk oder getrocknet)	blutreinigend, schleimlösend und harntreibend; regt Stoffwechsel und Appetit an; fördert die Milchbildung der Häsinnen; stärkt den Knochenbau bei Jungtieren.
Johanniskraut	entzündungshemmend, schmerzstillend und gut für die Wundheilung; auch gegen Unruhezustände von trächtigen Häsinnen.
Fenchel	hilfreich bei Verdauungsproblemen; auch bei Augenentzündungen anwendbar.
Melisse	beruhigend, schmerzstillend und krampflösend; fördert die Verdauung; hemmt Bakterien- und Pilzbildung.
Kamille	entzündungshemmend, wundheilungsfördernd und krampflösend; reguliert die Verdauung.
Thymian	keimtötend, schleimlösend und verdauungsfördernd; stärkt das Immunsystem.
Himbeerblätter	beruhigend, blutreinigend und schleimlösend; während der Trächtigkeit stärken Himbeerblätter die Gebärmutter.
Löwenzahn	entschlackend, blutreinigend, harntreibend und verdauungsfördernd; regt die Milchbildung an.
Gänseblümchen	regen den Stoffwechsel an; sind schmerz- und krampflösend und blutreinigend; fördern die Wundheilung und den Appetit.
Weidenrinde und Weidenblätter	fiebersenkend, entzündungshemmend und schmerzstillend; regen den Appetit an.
Bitte beachten	Getrocknete Kräuter sind Konzentrate und enthalten wesentlich mehr Mineralien als frische. Geben Sie nicht zu viele, um eine Überversorgung zu verhindern.

Homöopathie

Homöopathie bedeutet im Einklang mit der Natur ganzheitlich zu heilen. Vorteil gegenüber der Schulmedizin: Es werden nicht nur Symptome bekämpft, sondern die Ursachen der Störungen gesucht und beseitigt. Die Homöopathie unterstützt die Selbstheilungskräfte des Organismus auf sanfte Weise. Ich habe mit alternativen Heilmethoden nur positive Erfahrungen gemacht und verwende sie deshalb auch häufig zur Behandlung unserer Tiere. Den Gang zum Tierarzt ersetzen sie jedoch nicht! Was viele nicht wissen: Auch pflanzliche Arzneien können gefährliche Nebenwirkungen hervorrufen. Sinnvoll ist eine Kombination von klassischer und alternativer Medizin in Absprache mit dem Arzt.

Homöopathische Arzneimittel sind in Apotheken erhältlich. Dort informiert man Sie auch gern über Anwendungsvorschriften und Dosierungen. Das sind mögliche Einsatzgebiete:

- bei Gehörgangsentzündung Sulfur D6, D12
- bei Hitzschlag Aconitum D4 oder Hypericum D6
- bei Blähbauch und Trommelsucht Carbo vegetabilis D8, Nux vomica D6
- bei Kokzidiose Mercurius solubilis D6, D12
- bei Nasenschleimhautentzündung mit Fieber Belladonna D3

Hinweis Nach der Gabe homöopathischer Mittel kann es für kurze Zeit zur Verstärkung der Krankheitssymptome kommen.

MEIN HEIMTIER

Wie reagieren meine Tiere auf die Transportbox?

Vor allem neue Halter unterschätzen die Probleme beim Tiertransport – um später festzustellen, dass es nicht einfach ist, ein gestresstes Kaninchen in die Box zu setzen. Stellen Sie Ihren Transportbehälter ins Gehege und beobachten Sie, was passiert.

Der Test beginnt:

○ Die Langohren ignorieren den Transportbehälter, als wäre er gar nicht da.
○ Die Box ist ihnen offensichtlich nicht geheuer, sie machen einen großen Bogen darum.
○ Die Kaninchen finden das neue Mobiliar aufregend und beschnuppern es neugierig.
○ Schon nach kurzer Zeit wird die Transportbox auch bei Spiel und Sport mitbenutzt.
○ Für die Kaninchen ist die Box ein willkommener neuer Versteck- und Ruheplatz.

Mein Testergebnis:

Putzmunter und kerngesund – der tägliche Aufenthalt an der frischen Luft stärkt das Immunsystem.

Wärmebehandlung

Kranke Tiere empfinden Wärme als Wohltat. Praxisgerecht ist eine Rotlichtlampe, die aber nur eine Gehegeecke bestrahlen darf. So kann der Patient selbst entscheiden, ob ihm gerade nach Wärmetanken ist oder nicht. Vorsicht bei Bewegungseinschränkungen. Generell sollten Wärmebehandlungen immer unter Aufsicht erfolgen. Der Abstand der Lampe hängt von ihrer Leistung ab. Temperatur bitte regelmäßig kontrollieren und Distanz eventuell anpassen. Zuleitung und Strahler dürfen sich nicht in Reichweite des Kaninchens befinden. Alternativ kann man eine Wärmflasche benutzen. Sie sollte in ein Handtuch gewickelt werden oder einen kuscheligen Überzug haben. Vorteil: Sie kann auch beim Transport zum Tierarzt vor Auskühlung schützen. Achten Sie darauf, dass Ihr Hoppel sie nicht anknabbert.

Abschied nehmen

Wenn auch die beste Medizin nicht mehr hilft, wird der Tierarzt dazu raten, das Kaninchen einzuschläfern. Das ist keine leichte Entscheidung, besonders wenn Kinder mitbetroffen sind. Erklären Sie ihnen, dass ihr Liebling leidet und keine Aussicht auf Besserung besteht. Erlauben Sie den Kindern, von ihrem kleinen Freund Abschied zu nehmen, und beraten Sie gemeinsam mit ihnen, was mit dem eingeschläferten Kaninchen passieren soll. Viele wünschen sich eine richtige Beerdigung und oft findet sich eine passende Ecke im Garten (→ Seite 93). Vielleicht ist auch ein Tierfriedhof in der Nähe. Eine Bestattung im Wald ist aber verboten.

Fragen zu
Pflege und Gesundheit

? Zwei unserer Kaninchen kratzen sich auffällig häufig und haben schuppige Hautstellen. Was kann das sein?
Offensichtlich leiden Ihre Kaninchen unter Parasiten. Das können Milben oder Haarlinge sein. Die genaue Diagnose muss der Tierarzt stellen. Er verschreibt ein entsprechendes Medikament und sagt Ihnen, wie es angewendet werden muss. Damit müssen Sie alle Ihre Langohren behandeln, denn die Ektoparasiten (Außenschmarotzer) vermehren sich rasch und sind leicht übertragbar. Sehr wichtig ist auch die gründliche Reinigung des Geheges.

? Mein Kaninchen verliert viele Haare. Ständig finde ich kleine Fellbüschel im Auslauf. Woran liegt das?
Kaninchen wechseln mindestens zweimal im Jahr ihr Fell: Im Frühjahr kommt das Sommerfell, im Herbst das Winterfell. Ein starker Klimawechsel kann aber auch zwischendurch einen Fellwechsel auslösen. Langhaarrassen haaren sogar das ganze Jahr über und brauchen spezielle Pflege. Wenn Ihre Kaninchen es mögen, können Sie den Fellwechsel durch Bürsten unterstützen. Kahle Stellen oder Schorf deuten allerdings auf Parasitenbefall hin. Dann bitte sofort zum Tierarzt.

? Gibt es natürliche Mittel, mit denen die geschädigte Darmflora eines Kaninchens wieder aufgebaut werden kann?
Der Blinddarmkot eines gesunden Kaninchens kann dem kleinen Patienten helfen. Das weiß der aber selbst sehr gut und wird deshalb versuchen, einige der wertvollen Vitaminpillen von seinen Kollegen zu stibitzen. Kaninchenmütter »verlieren« manchmal Blinddarmkot für ihren Nachwuchs. Wenn man schnell ist, kann man davon etwas abzweigen. Ansonsten fragen Sie bitte Ihren Tierarzt nach einem geeigneten Präparat.

? Meine Kaninchen dürfen im Sommer ins Freigehege. Schadet ihnen ein überraschender Regenguss?
Ein kleiner Schauer macht Ihren Kaninchen nichts aus. Das Regenwasser perlt an der Oberfläche des aufgerichteten Haarkleides ab und dringt nicht bis zur Haut durch. Versuchen Sie bitte nicht die Tiere trocken zu rubbeln, weil dann die Nässe tatsächlich eindringt. Sorgen Sie lieber für einen wetterfesten und trockenen Unterschlupf, in den Ihre Hoppel bei Bedarf flüchten können.

? Wir halten unsere Kaninchen in der Wohnung. In Kontakt zu anderen Tieren kommen sie nie. Müssen wir sie trotzdem impfen lassen?
Auf jeden Fall. Ich rate dringend dazu, Ihre Tiere gegen Myxomatose, RHD (Chinaseuche) und Kaninchenschnupfen (→ Seite 78–79) impfen zu lassen. Mit diesen Krankheiten können sich

Kaninchen nicht nur bei Kontakt mit ihren Artgenossen anstecken, sondern auch über Insekten, die Kleidung und kontaminiertes Grünfutter. Selbst reine Wohnungstiere sind also nicht sicher. Vorbeugen durch Impfen ist wichtig, denn Heilung gibt es in den meisten Fällen nicht.

Mein Tipp Regelmäßiger Auslauf an der frischen Luft stärkt das Immunsystem Ihrer Kaninchen.

? Beim Schneiden der Krallen habe ich versehentlich ein Blutgefäß verletzt. Wie kann man die Blutung schnell wieder stoppen?
Drücken Sie ein fusselfreies, sauberes Tuch, zum Beispiel ein Taschentuch, fest auf die Wunde, bis sie nicht mehr blutet. Danach verschließen Sie die Stelle mit einem Sprühpflaster. Alternativ kann man die Kralle auch in ein Stück Kernseife drücken. Das stoppt die Blutung und desinfiziert gleichzeitig die Wunde.

? Eines meiner Kaninchen ist die Treppe heruntergefallen. Zum Glück ist bis auf einen abgebrochenen Schneidezahn nichts passiert. Muss der behandelt werden?
Der Zahn wächst relativ schnell nach und wird kaum Probleme machen. Trotzdem sollten Sie das Fressverhalten des Tieres beobachten. Auch wenn keine Auffälligkeiten erkennbar sind, sollten Sie es dem Tierarzt vorstellen. Nur er kann mögliche innere Verletzungen als Unfallfolge ausschließen. Sichern Sie die Treppe, um einem weiteren Unfall vorzubeugen. Kleinkindergitter sind hierfür gut geeignet.

? Sind Kaninchenkrankheiten auf den Menschen übertragbar?
Wenn man auf die üblichen Hygienemaßnahmen achtet, ist eine Ansteckung nicht zu befürchten. Nicht wenige Halter haben allerdings besonders vor den sogenannten Kaninchenseuchen

Angst. Doch der Mensch besitzt eine natürliche Immunität gegenüber den Krankheitserregern, die RHD und Myxomatose verursachen. Viel leichter kann es hingegen passieren, dass sich Ihre Kaninchen bei Ihnen anstecken. Daher sollten Sie aufs Kuscheln mit den Langohren verzichten, wenn Sie erkältet sind.

? Unsere beiden Kaninchen sind schon ziemlich alt. Dürfen wir sie nach ihrem Tod in unserem Garten beerdigen?
Die Gartenbestattung müssen Sie beim Veterinäramt beantragen. Das Kaninchen darf nicht an einer meldepflichtigen Tierkrankheit gestorben sein, und Ihr Garten darf nicht in einem Wasserschutzgebiet liegen. Das Grab muss mindestens 50 cm tief und einen bis zwei Meter von öffentlichen Wegen und Plätzen entfernt sein. Eine Beerdigung im Wald oder freien Gelände ist verboten und wird mit Bußgeld geahndet.

Erziehung, Spiel und Sport

Bloß keine Langeweile! Mit pfiffigen Beschäftigungsideen und einem abwechslungsreichen Unterhaltungsprogramm wird der Tag eines Hauskaninchens zum spannenden Abenteuer.

Kaninchen sind schlau, gewitzt und lernfähig

Unterschätzen Sie Kaninchen nicht! Auch wenn die Langohren nicht gerade wie Intelligenzbestien aussehen, haben es manche doch faustdick hinter den Löffeln. Sie wissen ganz genau, wie sie ihren Willen auch gegenüber dem Menschen durchsetzen.

INTELLIGENZ lässt sich nur schwer beurteilen. Ist ein Tier besonders schlau, weil es genau das tut, was sein Besitzer von ihm erwartet? Oder zeigt sich die Klugheit eher darin, seine eigenen Wünsche durchzusetzen?

Ganz schön clever, ihr Langohren!

Manche Zeitgenossen halten Kaninchen für dumm und langweilig. Entweder haben sie sich noch nie richtig mit ihnen beschäftigt oder ihr Langohr lebt in Einzelhaft und strotzt dann natürlich nicht unbedingt vor Lebensfreude und Aktivität. Ihr wahres Wesen zeigen die Mümmelmänner, wenn man ihnen viel Platz zur Entfaltung bietet und vor allem Artgenossen, mit denen sie ihre Empfindungen und Erlebnisse teilen können. Kaninchen sind sehr soziale Tiere, die ohne die Nähe und Unterstützung ihrer Familie nicht leben können. Doch der Gemeinschaftssinn ist ebenso angeboren wie das Verhalten eines kranken oder verletzten Kaninchens, das sich mühsam zum Futternapf schleppt, nur um möglichen Feinden zu signalisieren: Mir geht es gut. Ich bin keinesfalls eine leichte Beute!

Wo fängt Intelligenz an? Was ist noch Instinkthandlung und was verlangt Köpfchen? Eine wissenschaftlich begründete Antwort kann ich nicht geben, wohl aber einige Erfahrungswerte ins Feld führen. Unser Mäxchen büxt gerne mal aus. Steht die Tür aus Versehen offen und das Kaninchen folgt seinem Freiheitsdrang, hat das sicher mit Instinkt zu tun. Wenn das clevere Kerlchen aber regelrecht auf eine Unaufmerksamkeit meinerseits wartet und bei der kleinsten Chance sofort durchstartet, dann ist das zumindest ganz schön gerissen. Mäxchen trickst mich immer wieder aus. Zum Glück ist er aber auch

Eine Käfigtür öffnen? Überhaupt kein Problem für diese clevere Kaninchendame: Sie beißt einfach ins Gitter, schiebt es mit Schwung hoch und huscht blitzschnell darunter hindurch.

◀ *Die selbst gebaute Schaukel hält auch den schwersten Riesen stand.*

ihnen schenkt. Wenn die Langohren von klein auf Zuwendung erfahren und positive Erlebnisse damit verbinden, zeigen sie sich auch anderen Menschen gegenüber offen. Negative Erfahrungen und Erlebnisse hingegen lösen oft Angst, Misstrauen oder gar Aggressionen aus.

Solo macht unglücklich Wer ein Kaninchen zum Alleinsein verdammt, darf sich nicht wundern, wenn es gelangweilt und lustlos in der Ecke sitzt. Schauen Sie sich einmal das lustige Treiben in einer Gruppe an. Dann erkennen Sie, was ein glückliches Kaninchenleben wirklich ausmacht. Und wenn Sie sich bereits um einen Hoppel kümmern, ist sicher noch Platz für einen netten Artgenossen.

Zuwendung genießen Kaninchen, mit denen man viel Zeit verbringt, werden sehr zutraulich. Nicht jedes lässt sich gerne streicheln oder will kuscheln, die Zuwendung aber genießen alle. Je mehr man sich mit ihnen beschäftigt, desto enger wird die Beziehung. Dann verwandelt sich oft sogar eine Kratzbürste in ein Schmusehäschen. Vor einiger Zeit kam ein Kaninchen zu uns, das laut Halteraussage von Geburt an aggressiv war. Ich musste etwas schmunzeln, denn wie aggressiv kann ein winziges Fellbündel sein, das fast nackt, blind und taub auf die Welt kommt? Anfangs war die junge Kaninchendame wirklich schwer zu bändigen, aber nach einiger Zeit fügte sie sich doch in die Gemeinschaft ihrer Artgenossen ein.

Hinweis Hinter Aggressionen verbirgt sich manchmal auch eine ernste Krankheit. Ein verhaltensgestörtes Kaninchen sollten Sie immer zum Tierarzt bringen.

clever genug, den Heimweg alleine zu finden. Wir haben noch andere Schlauberger in unserer Kaninchenfamilie. Max und Moritz plündern gern das Salatbeet unserer Nachbarin. Dazu graben sie sich unter dem Zaun durch. Mein Mann hat sie neulich dabei beobachtet. Max steht mit erhobenen Löffeln »Schmiere«, und Moritz buddelt eifrig. Biege ich um die Ecke, liegen beide plötzlich ganz friedlich da, als könnten sie kein Wässerchen trüben. Wenn das kein Zeichen von Verstand ist …

Wie du mir, so ich dir

Eine gute Tierhaltung erfüllt mehr als nur elementare Bedürfnisse. Entwicklung und Persönlichkeit der Kaninchen werden stark von der Aufmerksamkeit und Liebe beeinflusst, die der Mensch

Wildlife – und doch zahm

Artgerecht halten bedeutet, den natürlichen Lebensbedingungen der Tiere so nah wie möglich zu kommen. Kaninchen brauchen viel Freiraum. Manche Halter befürchten jedoch, dass die Tiere unter solchen Bedingungen nicht zahm werden. Die Sorge ist unbegründet. Das Verhältnis zwischen den Langohren und ihrem Besitzer wird von der Größe des Auslaufs nicht beeinflusst. Ist die Vertrauensbasis einmal hergestellt, bleibt die Bindung meist auf Dauer bestehen. Solange Sie die Tiere nicht vernachlässigen oder schlecht behandeln, werden Sie von ihnen auch akzeptiert. Da spielt es keine Rolle, ob das Freigehege 3, 30 oder 300 m² umfasst. Unsere Kaninchentrup-

pe ist recht groß und lebt seit Jahren in Außenhaltung. Trotzdem haben wir ein enges Verhältnis zu den Tieren und auch Neuzugänge gewöhnen sich schnell ein. Eigentlich ist es sogar so, dass der Kontakt sich noch intensiviert hat, seit wir den Langohren »Wildlife« ermöglichen. Ein gutes Beispiel ist die allabendliche Putzstunde unserer Kaninchen. Dabei geht es nicht nur um die Reinlichkeit, sondern auch um die Pflege sozialer Kontakte. Die Hoppel zeigen damit ihre Zuneigung und festigen die Familienbande. Wenn sich jemand aus meiner Familie dazusetzt, dauert es nicht lange, und auch er wird ausgiebig geputzt, denn für unsere Kaninchen sind wir anerkannte Rudelmitglieder. Kann es ein schöneres Kompliment geben?

1 **Gute Aussicht** Eine Baumhöhle ist ein toller Spielplatz. Man kann darauf herumturnen, hindurchjagen, ein Nickerchen darin halten und sich verstecken. Besonders die Fensterplätze sind heiß begehrt.

2 **Sonnenplatz** In einem ausgehöhlten Ast kann man wunderbar relaxen und die letzten wärmenden Sonnenstrahlen genießen. Wenn der Hintermann drängelt, ist es allerdings schnell vorbei mit der Ruhe und Entspannung.

ELTERN-EXTRA

Kaninhop macht Langohren munter

Unsere Kinder haben zwei Kaninchen, mit denen sie so oft es geht spielen und denen sie auch kleine Kunststücke beibringen. Auf ihrer ständigen Suche nach neuen Anregungen und Ideen für Spiel und Sport sind sie auf »Kaninhop« gestoßen. Was versteht man darunter? Ist das auch für unsere Langohren geeignet?

ES IST TOLL, dass sich Ihre Kinder intensiv mit den Kaninchen beschäftigen. Dieses Verantwortungsbewusstsein ist nicht alltäglich. Oft lässt die anfängliche Begeisterung leider nur zu schnell nach, und die Hoppel werden in irgendeine Ecke abgeschoben.

Worum geht es bei Kaninhop?

Kaninhop ist eine Sportart, bei der Kaninchen über Hindernisse springen, wobei sie vom Halter an der Leine geführt werden. Kaninhop entstand vor mehr als 30 Jahren in Schweden und diente anfangs nur dazu, die Tiere zu beschäftigen. Ende der 70er-Jahre gründete sich der erste Club, der Kaninchen nach den Regeln des Springreitens trainierte. Heute gibt es Kaninhop-Vereine in vielen europäischen Ländern, auch in Deutschland. Am Anfang wurden vor allem Zwergkaninchen trainiert, aber Kaninhop ist auch für größere Rassen geeignet.

Wie lernen Kaninchen Kaninhop?

Wer Kaninchen für Wettkämpfe trainieren will, muss sie an die Leine gewöhnen. Verwenden Sie immer ein Geschirr, Halsbänder können den Kehlkopf verletzen. Lassen Sie das Tier zu Beginn selbst die Richtung bestimmen; mit der Zeit kann man es dann behutsam lenken. Wenn das klappt, kommen kleine Hindernisse ins Spiel, am besten spezielle Hürden aus dem Fachhandel. Hier lassen sich die Stangen unterschiedlich hoch auflegen, und fallen herunter, wenn das Tier anstößt. Das verringert die Verletzungsgefahr. Als Anfangshöhe wählt man maximal 5 cm bei einem Hürdenabstand von mindestens 180 cm. Führen Sie das Kaninchen heran und animieren Sie es mit »Hopp!« zum Springen. Ein Lockmittel erhöht den Anreiz. Begreift der Sportler in spe gar nicht, worum es geht, hebt man ihn sachte über die Hürde. Irgendwann fällt der Groschen. Später kann man höhere Sprünge testen, aber fordern Sie nicht zu viel. **Hinweis** Ein weicher Boden schützt vor Gelenkproblemen.

Ohne Stress und ohne Leine

Bewegung ist wichtig für Kaninchen, und daher ist Kaninhop eine gute Sache. Aber nicht jeder Halter kann sich mit der Leinenführung anfreunden, das Verletzungsrisiko für die Tiere erscheint ihm zu hoch. Wenn Ihre Kaninchen Spaß an diesem Sport haben, springen sie auch ganz von alleine über die Hürden und brauchen kein Geschirr. Ihre Kinder können einen eigenen Parcours aufbauen und mit den Tieren üben. Ohne Leine und Wettkampfstress.

Eine Frage der Erziehung

Kaninchenerziehung erfordert viel Geduld, Ausdauer und Geschick.
Verlieren Sie nicht den Mut, wenn nicht gleich alles auf Anhieb klappt. Und vergessen
Sie nicht: Ihre kleinen Schüler können nur so gut sein wie ihr Lehrer.

ERZIEHEN UND LERNEN sind nur dann erfolgreich, wenn Sie Ihre Kaninchen positiv motivieren. Laute Worte und Strafen bringen nichts. Zwingen Sie die Tiere nicht zum Mitmachen, wenn sie keinen Spaß an der Aufgabe haben.

Naturtalente und Lernmuffel

Dass Kaninchen lernfähig sind, beweisen sie tagtäglich. Das heißt aber nicht, dass sie unbedingt lernen wollen. Hier ist es wie bei uns Menschen auch. Es gibt Naturtalente, die spielend lernen, und andere, die sich Mühe geben, aber doch nie zum Ziel kommen. Und dann haben wir noch die Lernmuffel, die nur keine Lust haben, ihren Grips anzustrengen. Sie müssen sich also auf das Lernvermögen jedes einzelnen Langohrs einstellen und von ihm nur das fordern, was es leisten kann. Sonst ist es mit der Lust am Training schnell vorbei. Das Alter der Tiere spielt beim Lernen eine wichtige Rolle: Junge Kaninchen sind viel neugieriger, testen unbekümmert Neues und gewöhnen sich relativ schnell an bestimmte Rituale. Zwischen dem 4. und 8. Lebensmonat kommen sie jedoch in die »Flegeljahre« und vergessen oft, was sie gelernt haben. Doch auch diese Phase geht vorüber. Ältere Kaninchen tun sich mit dem Lernen schon schwerer und halten gern an festgefahrenen Untugenden und Unarten fest. Für Erziehungsversuche ist es trotzdem nie zu spät.

Übung macht den Meister

Zum Unterrichten der Mümmelmänner braucht man Geduld und ein paar Leckereien als Ansporn. Von Erstklässlern erwartet auch keiner, dass sie nach einer Woche lesen und schreiben können. Wie Hunde kann man Kaninchen nicht erziehen, und aufs Wort parieren sie auch nicht. Selbst die Musterschüler unter ihnen schlagen manchmal über die Stränge oder haben null Bock auf Lernen. Aber vielleicht macht gerade das ihren besonderen Charme aus.

> TIPP
>
> ### Alles kein Malheur!
>
> Auch stubenreinen Langohren passiert manchmal ein Malheur auf dem Teppich. Die Köttel nimmt man mit dem Staubsauger auf, ein Pfützchen lässt sich mit Seifenlauge oder kohlensäurehaltigem Mineralwasser beseitigen. Den Harngeruch am falschen Toilettenplatz übertünchen Sie mit einem Spritzer Zitrone.

Eine sanfte Stimme und leckere Belohnungen
erleichtern Langohren das Lernen und sorgen
dafür, dass sie die Lektionen nicht vergessen.

Die besten Tipps
für erfolgreiches Lernen

Der richtige Zeitpunkt Wenn Ihre Langohren schläfrig sind, werden sie kaum Höchstleistungen bringen. Auch bei der Fellpflege, beim Kuscheln mit den Artgenossen oder am Fressnapf lassen sich Kaninchen nur ungern stören. Legen Sie die Spiel- und Schulstunden in die Aktivphasen der Tiere. Üben Sie möglichst immer zur gleichen Zeit und vor der Fütterung. Ein knurrender Magen lässt sich leichter »verführen«.

Der richtige Tonfall Mit Befehlen im Kommandoton verschrecken Sie Ihre Schüler nur und erreichen gar nichts. Sprechen Sie immer mit ruhiger und sanfter Stimme. Ihre Hoppel erkennen Sie am Tonfall.

Viele Kaninchen werden stubenrein. Der Fachhandel bietet geeignete Toiletten an.

Anlocken Versuchen Sie die Kaninchen mit ihrer Lieblingskost anzulocken. Verknüpfen Sie den Vorgang mit bestimmten Lautsignalen, zum Beispiel »Komm, Buri, Futterzeit!« Den Sinn der Worte verstehen die Langohren natürlich nicht, reagieren aber auf den Tonfall und Gesichtsausdruck. Sie können auch einfach mit der Zunge schnalzen oder pfeifen. Zunächst kommen Ihre Kaninchen nur wegen der begehrten Leckerbissen, registrieren aber schon bald den Zusammenhang zwischen Lockruf und Fütterung. Dann folgen sie allein auf Zuruf, selbst wenn keine Belohnungen auf sie warten.

Wiederholen Die einzelnen Lektionen müssen regelmäßig wiederholt werden. Erst wenn ein Lernziel erreicht ist, startet die nächste Unterrichtseinheit.

Sinnvoll lernen Wählen Sie nützliche und sinnvolle Lernziele. Wenn Sie Ihre Kaninchen mit bestimmten Worten anlocken können, haben Sie bei einem ausgebüxten Kandidaten schon halb gewonnen. Ich werde häufig gefragt, wie wir unsere wilde Bande aus dem riesigen Freigehege in ihre Nachtunterkunft befördern. Das ist überhaupt kein Problem: Ein Pfiff oder Händeklatschen genügen, und schon stürmt die Horde in ihr Schlafquartier. Bei Neulingen muss man manchmal nachhelfen, aber auch sie gewöhnen sich sehr schnell ans abendliche Ritual. Ab und zu zieht es ein Langohr vor, draußen in seinem selbst gegrabenen Erdbau zu nächtigen. Das ist eben Wildlife.

Auch Hindernisstrecken (→ Seite 105) oder Futterspiele (→ Seite 103) machen Sinn, denn sie halten die Tiere fit und gesund. Das Training von Kunststückchen ist okay, wenn die Hoppel ihren Spaß daran haben.

Nie strafen Bei der Erziehung der Langohren sind Strafen tabu. Lautes Schimpfen und Drohgebärden erschrecken die Tiere nur und gefährden die Vertrauensbasis. Mit kleinen Belohnungen für gute Mitarbeit hingegen sichern Sie sich die Aufmerksamkeit Ihrer Schüler.

Buddeln Einstreu herausfliegt. Zudem bevorzugen einige Kaninchen dunkle Ecken als »stilles Örtchen«.

Schritt 2 Verwenden Sie handelsübliche Einstreu, Heu oder Strohpellets. Bitte keine Katzenstreu – sie verklumpt im Magen, wenn die Tiere davon fressen.

Schritt 3 Geben Sie etwas verschmutzte Streu obenauf, damit die Tiere erkennen, wozu das neue Möbelstück da ist.

WUSSTEN SIE SCHON, DASS …

… Kaninchen auch kleine Therapeuten sind?

In Seniorenheimen trifft man immer häufiger auf Kaninchen. Die liebenswerten Langohren bringen Abwechslung ins Leben der älteren Menschen, reißen sie aus der Isolation, rufen Erinnerungen an frühere Zeiten wach und verbessern so die Lebensqualität. Die Berührungen, Streicheleinheiten und »Gespräche« mit den Tieren vermitteln Nähe und Wärme und steigern das körperliche und seelische Wohlbefinden der Senioren.

Erziehung zur Sauberkeit

Kaninchen bevorzugen für ihr Geschäft meist bestimmte Ecken, sodass man sie gut zur Stubenreinheit erziehen kann. Besonders bei einem großen Auslauf ist es hilfreich, wenn die Tiere nicht überall ihre Spuren hinterlassen.

Schritt 1 Stellen Sie am Hauptlöseplatz eine Kaninchentoilette auf, für große Rassen eignet sich auch ein Katzenklo oder eine Holzkiste, in der ein Tier bequem liegen kann. Toiletten mit Haube (Fachhandel) verhindern, dass beim

Schritt 4 Beobachten Sie Ihre Kaninchen. Wenn sich ein Tier erleichtern will, scharrt es mit den Vorderpfoten oder hebt auffällig das Schwänzchen. Sagen Sie energisch »Nein!« und setzen Sie es sofort auf die Toilette. Will es weg, schubsen Sie es sanft zurück. Nach erfolgreichem Geschäft lobt man das Langohr mit »Gut gemacht!«, unterstützt durch einen Leckerbissen. Wiederholen Sie das »Spiel« geduldig immer wieder. Irgendwann suchen die Hoppel alleine die Toilette auf. Nie schimpfen, wenn doch mal ein Malheur passiert.

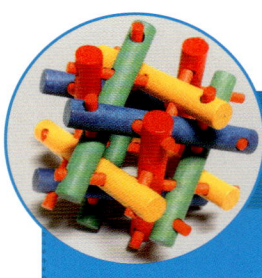

DAS RICHTIGE SPIELZEUG FÜR KANINCHEN

SPORT UND SPIEL HALTEN IHRE LANGOHREN FIT

Gefüllter Weidenball oder -würfel	Der Ball aus Weidengerten ist mit Heu oder getrockneten Kräutern gefüllt. Die Kaninchen können ihn rollen, kicken, das Heu herausziehen und unbesorgt auch den Ball selbst anknabbern. Nachfüllbar.
Heutunnel	Eignet sich als Versteck, als Rennstrecke und Hürde. Wenn genug gespielt ist, kann man den Heutunnel einfach futtern.
Futterball	Aus verchromtem Metall; wird mit Heu, Salat oder anderen Leckereien bestückt und an der Gehegedecke aufgehängt. So bleibt das Futter sauber. Der schaukelnde Ball ist gar nicht leicht zu bändigen.
Tunnel und Röhre	Tunnel und Röhre sind bei Kaninchen sehr beliebt. Sie können hindurchflitzen, sich darin verstecken oder ein Nickerchen halten.
Gepresste Heuglocke	Die Glocke wird frei schwingend aufgehängt und stellt eine echte Herausforderung dar. Nur mit viel Geschick kommen die Langohren in den Genuss des Heus.
Papiertüten und Kartons	Ideal zum Hineinkriechen, Verstecken, Drüberspringen und natürlich zum Zerfetzen. Genau das Richtige für kleine Fleddermeister.
Lamellenball mit Glöckchen	Ball aus Naturholz, den die meisten Kaninchen mit viel Ausdauer durch die Gegend schubsen. Jeder Stoß wird mit hellem Glöckchengebimmel quittiert. Anknabbern ist erlaubt und ungefährlich.
Strohbesen	Der Kampf mit dem Strohbesen ist in Langohren-Kreisen der absolute Renner. Es macht einen Mordsspaß, sich auf den Besen zu stürzen, ihn auseinanderzunehmen und hinterher genüsslich aufzufressen.
Bunter Gitterwürfel	Der farbenfrohe Gitterwürfel aus Holz kann mit Leckereien bestückt werden, verlangt Geschick und Ausdauer und sorgt für viel Spielspaß.
Bitte beachten	Giftfrei und gut verarbeitet muss Kaninchenspielzeug sein. Hände weg von Objekten mit »Innenleben« aus spitzen Drähten oder Klebstoffen.

Spiel, Spaß und Abenteuer

Wenn Sie Ihre Langohren in voller Aktion erleben wollen, dann
müssen Sie ihnen viel Platz zum Austoben, interessante Beschäftigungsmöglichkeiten
und natürlich Kumpels für Spiel und Sport anbieten.

DIE KANINCHENSPIELWIESE ist genau das Richtige für Langohren. Auch ein kleiner Auslauf oder ein Mini-Freige-hege lassen sich toll gestalten und bieten jede Menge Abwechslung.

Die schönsten Futterspiele

Bei falscher Ernährung und fehlender Bewegung neigen Hauskaninchen zum Dickwerden. Damit Ihre Tiere gesund und aktiv bleiben, sollten sie sich ihr Futter »erarbeiten« – genau wie in freier Natur, wo es keinen Zimmerservice gibt, sondern man sich Gräser und Kräuter mühevoll selbst suchen muss. Diese Futterspiele halten Langohren fit:

Futterleine Sie ist ein echter Klassiker, macht satt und fordert und fördert die Geschicklichkeit. Verschiedene Lecker-bissen (Gurkenscheiben, Möhrenstücke, Salatblätter) auf eine Leine aufziehen, die quer durch Gehege oder Auslauf ge-spannt wird. Leinenhöhe so wählen, dass sich die Hoppel danach strecken müssen. Das ist gut für die Muskulatur und trainiert den Gleichgewichtssinn.

Gemüsespieß Einen Holzspieß mit mehreren Gemüsehäppchen bestücken und im oberen Teil des Geheges befesti-gen. Nur durch den Sprung auf ein Eta-genbrett können die Mümmelmänner ans Futter kommen.

Futterrad Ähnlich einem Windrad wird eine Scheibe mit Holzzapfen senkrecht und drehbar an einem Ständer ange-bracht und mit Köstlichkeiten bestückt. In den Genuss kommen die Hoppel nur durch Drehen des Rades. Das Spiel ist sehr beliebt, es erfordert Köpfchen und viel Geschick (→ Foto Seite 67).

Snackball Snackballs (verschiedene Modelle im Zoofachhandel) werden mit Futter befüllt. Die Öffnungen lassen sich je nach Snackgröße variabel einstellen. Die Kaninchen rollen die Kugel so lange hin und her, bis der begehrte Inhalt her-ausfällt.

Futter-Mobile Im Schwerpunkt eines mehrfach verzweigten Astes von Hasel-nuss oder Weide ein Band befestigen und den Ast an der Decke des Auslaufs anbringen. Wie bei einem Mobile kom-men dann verschiedene Leckerbissen mit Sisalband an den Ast. Die unter-schiedlichen Gewichte sorgen dafür, dass ein Gemüse- oder Obststück so weit herunterhängt, dass die Langohren es erreichen. Ist es abgefuttert, sinkt das nächste nach unten. Manche Hoppel recken sich vergeblich nach ihrem Lieb-lingshappen, der viel zu hoch oben schwebt; andere nehmen das, was da ist und werden plötzlich mit neuen Gau-mengenüssen belohnt, die quasi vom Himmel fallen. Die meisten wissen schon bald, »wie hier der Hase läuft«.

Spiele, die Spaß machen

▶ **1** **Balanceakt** Die Wippe schult den Gleichgewichtssinn, doch nicht jedes Kaninchen
freundet sich mit dieser wackeligen Sache an.

▶ **2** **Drunter und Drüber** Pflanzsteine gibt es in
vielen Größen, Formen und Farben und las-
sen sich zu einem bunten Parcours aufstellen.
Ihre grobe Struktur gibt den Krallen guten Halt.

▶ **3** **Ab durch die Röhre** Mit Abflussrohren aus
dem Baumarkt lässt sich im Handumdrehen
ein spannendes Tunnellabyrinth zaubern.

Sisalband Variante der Futterleine, bei der zum Beispiel ein Apfel (ohne Kern-gehäuse) mit Sisalband am Gitter des Gehegedaches aufgehängt wird. Um den Leckerbissen zu erwischen, müssen die Langohren Teamgeist zeigen. Sie können auch durch dicke Knoten getrennte Ge-müsehäppchen übereinander auffädeln.
Knabberrollen Mit Heu vollgestopft Papphülsen von Toilettenpapier und Küchenrollen sind ein lustiges Futter-spielzeug. Beim Kampf ums Heu wird die Rolle durchs ganze Gehege gekickt und geschoben. Genauso interessant: mehrere mit einem Strick verbundene Rollen, die von der Decke baumeln.
Heusocke Gebraucht wird nur eine alte Socke: mit Heu vollstopfen, unten ein Loch hineinschneiden und als Alternati-ve zur Raufe ins Gehege hängen.
Schaukelnde Heuraufe Einen Weiden-korb mit Heu füllen und frei baumelnd an die Gehege- oder Zimmerdecke hän-gen. Dabei die Höhe über dem Boden so wählen, dass sich die Kaninchen richtig danach strecken müssen.

Mein Tipp Diese Variante eignet sich besonders gut für den Außenbereich, da das Heu nicht so schnell verschmutzt.
Futterwand Die Futterwand kann aus verschiedenen Materialien bestehen. Einfache Varianten: Ytong- oder Back-steine mit Öffnungen oder Bohrungen. Hochkant an der Wand stehende Steine mit Schrauben befestigen, damit sie nicht umkippen und ein Tier verletzen. Die Löcher werden mit verschiedenen Futtersorten bestückt, das leckerste Fut-ter ganz oben. Frei im Raum platziert werden kann eine Futterwand aus zwei Spanplatten, die in T-Form aneinander-geschraubt und auf den Kopf gestellt werden. Die obere Platte mit Löchern versehen, die andere dient als Ständer und sorgt für Stabilität. Die Kaninchen können auf beiden Seiten naschen. Wenn zwei Leckermäuler an derselben Karotte zerren, geht es oft turbulent zu.
Mein Tipp In die größeren Öffnungen Miniblumentöpfe aus Ton einsetzen und mit kleinen Leckerbissen wie Hage-butten und Obststückchen füllen.

Fitnessparcours für sportliche Hoppler

Für eine Hindernisstrecke im Garten eignen sich Pflanzsteine. Sie trotzen Wind und Wetter und lassen sich immer wieder neu anordnen. Die grobkörnige Struktur der Steine bietet den Kaninchenpfoten Halt, und die Tiere fühlen sich auch in luftiger Höhe sicher. Am Anfang dürfen Sie Ihre Langohren mit Leckerbissen bestechen, um ihnen den Parcours schmackhaft zu machen. Die pfiffigen Tiere bekommen es schnell spitz, wie man über die Steine klettert oder hindurchschlüpft. Einige unserer Kaninchen sind echte Sportskanonen. Statt langsam herunterzuklettern, springen sie gleich von Stein zu Stein. Fürs Hindernisspringen (→ »Kaninhop«, Seite 98) bietet der Zoohandel ungefährliche Hürden an. Der Lauf über die Wippe schult das Balancegefühl. Sehr beliebt sind Tunnelsysteme. Im Baumarkt und in Teppichgeschäften erhält man oft kostenlos große Pappröhren, aus denen sich wunderbare Labyrinthe basteln lassen. Für unsportliche Hoppel baut man eine Treppe aus Backsteinen oder Ytong, bei der auf jeder Stufe kleine Leckerbissen locken. Da wird auch das faulste Langohr schnell zum Kletterprofi. Bei allen Aktivitäten sollten Sie darauf achten, dass die Kaninchen gefordert, aber nicht überfordert werden. Sobald sie die Lust verlieren und unaufmerksam werden, ist es genug.

TIPP

Rentner-Sport

Auch ältere Kaninchen brauchen Bewegung und können am Sportprogramm teilnehmen. Denken Sie aber bitte daran, dass die Senioren nicht mehr ganz so leistungsfähig sind und ein erhöhtes Ruhebedürfnis haben. Mit den Jahren lässt auch ihre Sehkraft nach, und sie werden unbeweglicher. Überfordern Sie sie also nicht.

Für Stubenhocker gibt es kein Pardon

Auch für den Innenbereich gibt es viele attraktive Beschäftigungsmöglichkeiten für Langohren. Langeweile kommt da garantiert nicht auf.

Kartons Papp- oder Umzugskartons sind der absolute Renner bei all unseren

Spiele, bei denen man nach Herzenslust knabbern darf, sind die erklärten Favoriten.

Hoppelmeistern. Kartons gibt es in den unterschiedlichsten Größen und Formen, sie sind spottbillig oder kosten gar nichts, lassen sich gut kombinieren und leicht bearbeiten. Mit wenigen Handgriffen kann man einen einfachen Unterschlupf herstellen, einen geheimnisvollen Irrgarten zaubern oder sogar eine ganze Kartonstadt aufbauen. Für

Höhle nach Maß: Teppichreste schaffen auch für große Kaninchen bequeme Unterschlupfe.

die Ewigkeit ist das natürlich nicht, denn wenn die Hoppel vom Spielen genug haben, zerlegen sie meist alles in seine Bestandteile und knabbern es oft auch an. Verwenden Sie deshalb bitte stets nur ungefärbte Kartons.

Stofftunnel Den Stofftunnel müssen Sie nicht selbst schneidern, es gibt ihn in vielen verschiedenen Farben und Ausführungen zu kaufen. Empfehlenswert sind stabile Tunnel, die von selbst stehen bleiben. Auch die Hängevarianten zählen zu den Favoriten der Langohren. Verzichten Sie auf Modelle mit Netzeinsatz, da sich die Tiere mit den Krallen darin verfangen.

Weidenzelt Das Zelt ist eine gute Alternative zu den beliebten Weidenröhren und bietet auch größeren Kaninchen genügend Platz. Selbst schwergewichtige Hoppel bleiben hier nicht stecken. Es kann auch übersprungen und überklettert werden. Anknabbern ist erlaubt.

Mein Tipp Die Weidenzelte sind relativ witterungsbeständig und auch für den Freilauf im Garten einsetzbar.

Telefonbuch Warum bieten Sie Ihren Kaninchen nicht einmal etwas Lesestoff an? Zum Beispiel ein altes Telefonbuch. Die Wissbegierde der Langohrtruppe ist groß. Anfangs wird aufgeregt darin geblättert, dann folgt meist ein heftiger Anfall von Zerstörungswut. Damit sind alle für einige Zeit beschäftigt … und Sie dürfen die Papierschnipsel aufsammeln. Die Druckerschwärze ist für die Tiere ungiftig. Das gilt aber nicht für Ausdrucke aus dem Computerdrucker.

Röhren Als Verstecke oder zum Durchflitzen sind Korkröhren die erste Wahl Ihrer Kaninchen, aber auch ganz simple Abflussrohre aus Kunststoff werden gern angenommen. Für wenig Geld bekommen Sie die Rohre im Baumarkt.

2 Klettertour Einfach verschieden große Holzhäuschen zusammenschieben – fertig ist der Trimm-dich-Pfad. Aufgeklebte Teppichreste geben den Kaninchenpfoten besseren Halt.

1 Wellnesszelt In einer kuscheligen Hängematte können die Kaninchen nach einem aufregenden Tag herrlich relaxen.

3 Höhlenforscher Tunnel und Röhren ziehen die Langohren magisch an. Kein Wunder – sie sind Teil ihres natürlichen Lebensraums.

Der Einsatz von T-Stücken ermöglicht sogar den Bau ganzer Tunnelsysteme. Selbst ein altes und natürlich penibel gereinigtes Ofenrohr findet hier noch eine sinnvolle Verwendung. Achten Sie bitte in allen Fällen darauf, dass die Röhrendurchmesser deutlich größer sind als der Taillenumfang der dicksten Hoppel.

Teppichhöhle Für die großen Rassen unter den Kaninchen sind die üblichen Durchschlupfe manchmal zu klein. Um auch ihnen eine passende Höhle anzubieten, rollt man einen Vorleger oder Teppichrest im gewünschten Durchmesser auf und fixiert ihn mit einem Strick. Fertig ist die Teppichhöhle nach Maß. Wählen Sie ein Produkt aus unbedenklichem Material, wenn Ihre Kaninchen alles anknabbern, zum Beispiel einen Sisal-, Mais- oder Reisstrohteppich.

Wellness für Langohren

Nach dem anstrengenden Sport brauchen Kaninchen auch genügend Zeit zum Relaxen. Schaffen Sie Ihren eifrigen Langohren zur Belohnung eine kleine Wohlfühloase. Hier einige Anregungen, die sich größtenteils sowohl für den Innen- als auch Außenbereich eignen:

Weidenkorb Stellen Sie ein mit frischen grünen Blättern gefülltes Weidenkörbchen ins Gehege. Es dauert nicht lange und das erste Kaninchen aalt sich in dem Raschelnest und verspeist dabei ganz genüsslich seine »Matratze«. Auch Laub eignet sich zum Auspolstern. Die trockenen Blätter werden wie knusprige Chips geknabbert.

Wigwam Im Zoohandel gibt es kleine Indianerzelte in verschiedenen Farben und Größen. Das Zelt lässt sich schnell

◀ *Warum müssen die süßesten Beeren eigentlich immer so weit oben hängen?*

aufstellen und dient als willkommener zusätzlicher Unterschlupf. Fürs Freigehege kann man einen großen Wigwam aus Naturmaterialien bauen. Wir halten beim Waldspaziergang immer Ausschau nach geeigneten Astgabeln. Sie bilden das Zeltgerüst und werden mit belaubten Zweigen abgedeckt. Und schon starten die Hoppel zur Urwaldexpedition.

Hängematte Nach dem Training auf dem Fitnessparcours muss ein Langohr auch einmal relaxen. Die Hängematte dafür finden Sie in den verschiedensten Farben und Formen im Fachhandel. Aus reißfestem Stoff lässt sie sich auch leicht selbst herstellen. Bitte auf eine sichere Befestigung achten.

Schaukel Unsere Hoppel sind ganz vernarrt in die selbst gebaute Schaukel aus Weidenholz. Längst ist sie zum begehrten Ruheplatz geworden (→ Seite 96).

Kuschelsack Der Kuschelsack ist ein fantastisches Versteck. Auch geeignet: eine Decke oder der alte Fleecepullover.

Blumentopf Ein mit Heu gefüllter Tontopf ist ebenfalls ein tolles Kuschelnest. Im Außenbereich zur Hälfte in die Erde eingegraben, bleibt die künstliche Erdhöhle im Sommer wunderbar kühl.

Sonnensegel Unter einem selbst gefertigten kleinen Sonnensegel können sich Ihre Mümmelmänner entspannen. Sie sind vor der Sonne geschützt und genießen trotzdem eine frische Brise.

MEIN HEIMTIER

Welches meiner Kaninchen hat die feinste Nase?

Kaninchen besitzen einen ausgezeichneten Geruchssinn. Aber welcher Ihrer Hoppel hat die Nase vorn? Machen Sie den Test mit verführerisch duftenden Leckerbissen. Als Verstecke eignen sich Häuschen, Röhren oder einfach auch nur kleine Heuhaufen.

Der Test beginnt:

○ Welches Kaninchen registriert zuerst, dass da etwas Leckeres in der Luft liegt?
○ Wer ist der Aktivste und startet die Schatzsuche?
○ Welche Gruppenmitglieder schließen sich dem Abenteurer an?
○ Gibt es Tiere, die die Suche abbrechen, wenn die Belohnung zu gut versteckt ist?
○ Wer aus der Langohren-Truppe hat schließlich die Nase vorn und entdeckt die Leckerei?

Mein Testergebnis:

Familienplanung und Aufzucht

Wer kann diesen putzigen Fellbündeln schon widerstehen?
Trotzdem: Überlegen Sie bitte in aller Ruhe und informieren Sie sich
gut, bevor Sie Ihren Kaninchen Nachwuchs gönnen.

Sicher geschützt vor ungewolltem Kindersegen

Bei Kaninchen macht eins und eins nicht zwei, sondern ganz viele. Darüber müssen Sie sich im Klaren sein, wenn Sie Langohren beiderlei Geschlechts gemeinsam beherbergen. Verhütungsmaßnahmen schützen zuverlässig vor unerwünschtem Nachwuchs.

ÜBERRASCHUNGEN gibt es öfter als man denkt: Die Kaninchendame wird zu spät als Rammler enttarnt, oder man unterschätzt die frühe Geschlechtsreife der Tiere. Manchmal veranstalten auch die Kinder ein Kaninchentreffen mit ihren Lieblingen, das nicht ohne Folgen bleibt.

Verhütungsmaßnahmen

Sowohl Kastration als auch Sterilisation sind bewährte Methoden der Geburtenkontrolle. Angesichts der Vermehrungsfreudigkeit der Kaninchen bezweifelt wohl niemand die Notwendigkeit einer Geburtenregelung. Es gibt schon zu viele heimatlose Kaninchen, die ihr Dasein in Tierheimen fristen. Je nach Größe und Rasse sind die Tiere schon ab der 10. bis 12. Woche geschlechtsreif. Eine ungewollte Schwangerschaft bringt nicht nur Ihnen Probleme, sondern kann auch für Häsin und Nachwuchs gefährlich werden. Dass ein Kaninchenfräulein mindestens einmal geworfen haben sollte, weil sie dann ruhiger und ausgeglichener wird, halte ich für ein Ammenmärchen. Uns hat die Erfahrung gelehrt, dass die Häsinnen dadurch erst »auf den Geschmack« kommen und besonders häufig brünstig sind.

Sterilisation

Bei einer Sterilisation werden beim Männchen die Samenleiter, beim Weibchen die Eileiter durchtrennt. Durch den Eingriff wird also lediglich die Zeugungsfähigkeit unterbunden, Einfluss auf die Hormonproduktion hat er nicht. Der Sexualtrieb und das Sexualverhalten der Tiere ändern sich nicht.

Kastration

Bei der Kastration entfernt der Tierarzt bei der Häsin Eierstöcke und Gebärmutter, beim Rammler die Hoden. Der Eingriff bremst die Hormonproduktion und schwächt den Sexualtrieb ab. Es er-

Sicherer Schutz: ▸ *Mit dem kastrierten Rammler darf diese Kaninchendame unbesorgt kuscheln. Gut informierte Halter beugen ungewolltem Nachwuchs ihrer Langohren rechtzeitig vor.*

weist sich als sinnvoll, den Rammler zu kastrieren, da der Eingriff bei ihm relativ unkompliziert ist. Bei der Häsin ist dazu eine Operation im Bauchraum nötig, die zwangsläufig mit einem höheren Risiko verbunden ist. In bestimmten Fällen kann es aber vorkommen, dass der Tierarzt auch die Kastration eines Weibchens empfiehlt.

Am einfachsten verhindert wird
ungewollter Nachwuchs
durch Kastration des Rammlers.

Kastration des Rammlers
- unterbindet die Zeugungsfähigkeit
- bremst die Aggressivität gegenüber anderen Rammlern
- erleichtert die Gruppenhaltung
- schwächt das Rammelverhalten und den Drang zum Markieren ab
- vermindert das Spritzen von Urin

Für ein krankes Kaninchen ist das kuschelige und warme Bett eine wahre Wohltat.

- erleichtert Erziehung zur Sauberkeit
- sorgt für ruhigeres und ausgeglichenes Verhalten
- erhöht die Lebenserwartung
- verhütet Hodenerkrankungen

Kastration der Häsin
- verhindert ungewollten Nachwuchs
- führt zu ruhigerem Verhalten
- verhütet Scheinschwangerschaften
- schwächt den Markierungsdrang ab
- vermindert das Krebsrisiko

Ist eine Frühkastration sinnvoll?

Der beste Zeitpunkt für eine Kastration ist für beide Geschlechter der Eintritt der Geschlechtsreife. Beim Männchen kann der Eingriff vorgenommen werden, sobald die Hoden im Hodensack erscheinen. Danach muss der Rammler ca. sechs Wochen in »Einzelhaft« verbringen, da sich während dieser Zeit noch befruchtungsfähige Spermien im Samenleiter befinden können.
Einige Tierärzte bieten eine sogenannte Frühkastration an. Sie wird mit ca. acht Wochen durchgeführt, also bevor die Spermienproduktion einsetzt. Dadurch ist eine lange Trennung von Rammler und Häsin nicht nötig, und man erspart sich die Probleme einer neuen Vergesellschaftung. Der verstärkte Markierungsdrang setzt gar nicht erst ein. Wenn zwei Rammler gemeinsam gehalten werden, schafft oft nur die Frühkastration die Basis fürs friedliche Zusammenleben nach der Geschlechtsreife. Die Frühkastration kann also durchaus sinnvoll sein. Natürlich können auch ältere Kaninchen noch kastriert werden. Bis zu einem Lebensalter von ca. sechs Jahren sind die Risiken von Operation und Narkose bei einem gesunden Tier gut vertretbar.

Vollnarkose oder örtlich betäuben?

Ein Rammler kann in Vollnarkose oder örtlich betäubt kastriert werden. Lassen Sie sich von Ihrem Tierarzt über die Unterschiede und möglichen Risiken aufklären. Die Kastration ist heute Routine, Komplikationen treten nur selten auf. Vorteile der örtlichen Betäubung: Sie dauert nicht lange, belastet den Körper kaum, verursacht keine Kreislaufprobleme, die Verdauung gerät nicht aus dem Takt, und eine spezielle Nachsorge ist meist auch nicht erforderlich.

Nachsorge Nehmen Sie das Kaninchen erst mit nach Hause, wenn es aus der Narkose erwacht ist. Es dauert einige Zeit, bis es richtig munter ist. Halten Sie es während der Aufwachphase, auf dem Heimtransport und in den ersten Stunden danach gut warm, zum Beispiel mit Wärmflasche oder Rotlichtlampe (→ Seite 91). Das Kaninchen muss möglichst schnell wieder Futter aufnehmen,

WUSSTEN SIE SCHON, DASS …

… Kaninchen doppelt trächtig sein können?

Häsinnen haben eine doppelt angelegte Gebärmutter. Dadurch können sich Embryonen aus zeitlich versetzten Paarungen unabhängig voneinander entwickeln. Ein Weibchen kann also noch vor dem Werfen wieder trächtig sein und in kurzen Abständen zweimal gebären. Diese Superfötation (Überbefruchtung) kommt bei Feldhasen, aber auch bei Wild- und Hauskaninchen vor. Deshalb sollte man Häsin und Rammler nach dem Deckakt trennen.

Das muss bei einer OP beachtet werden

Vorsorge Lassen Sie Ihr Kaninchen vor der Operation keinesfalls hungern. Aufgrund seines Verdauungssystems (→ Seite 63) kann es nicht erbrechen und muss daher bei der OP auch nicht nüchtern sein. Meiden Sie aber Frischfutter, da sich sonst leicht Fehlgärungen einstellen können. Vor dem Eingriff sollte der Patient unbedingt Heu fressen, damit seine Magen-Darm-Aktivität nicht zum Erliegen kommt.

damit seine Verdauung in Schwung kommt. Mangelnden Appetit regt man mit Löwenzahn, Gänseblümchen und getrockneten Brennnesseln an. Wichtig ist peinliche Sauberkeit: Verwenden Sie statt Einstreu Handtücher oder Küchenpapier. Suchen Sie bei verzögerter Wundheilung und Verhaltensauffälligkeiten, wie Futterverweigerung oder Apathie, sofort den Tierarzt auf. In der Regel ist das Langohr schon wenige Tage nach der OP wieder fit. Bei einer Frühkastration darf es dann sofort zurück zu seinem Partner oder in die Gruppe.

In Sachen Nachwuchs

Der Wunsch nach süßen Kaninchenbabys ist nur zu verständlich. Wer hätte keine Freude daran, die putzigen Fellbündel aufwachsen zu sehen. Doch denken Sie daran, dass die Kleinen schnell groß werden und ein gutes Zuhause brauchen.

EINE KANINCHENHOCHZEIT ist schnell passiert, und dann gibt es kein Zurück mehr. Der Halter übernimmt damit eine große Verantwortung. Manchmal bedeutet gute Tierhaltung aber auch Verzicht.

Gute Planung ist alles

Je nach Rasse können Kaninchendamen bis zu 14 Junge werfen. Haben Sie selbst ausreichend Platz für die Kleinen? Gibt es liebevolle Abnehmer? Das muss vorher alles gut durchdacht sein.
Bitte beachten Mit zehn bis zwölf Wochen ist oft auch schon der Nachwuchs geschlechtsreif und kann sich untereinander und mit der Mutter fortpflanzen.

TIPP

Heimvorteil für den Liebhaber

Leben Häsin und Rammler nicht zusammen, sollte stets die Dame zum Herrn gebracht werden. Brünstige Häsinnen attackieren jeden Eindringling in ihr Revier. Für den Rammler ist es sicherer, wenn er die Häsin bei sich empfängt. Er hat Heimvorteil und ist weniger nervös, was die Paarungsaussichten deutlich erhöht.

Gesunde Eltern sind die wichtigste Gewähr für gesunde Kaninchenkinder:
▸ Nur Kaninchen verpaaren, deren Herkunft bekannt ist und die ein ausgeglichenes Wesen besitzen.
▸ Vermeiden Sie Inzucht.
▸ Lassen Sie die Gesundheit der Eltern vom Tierarzt überprüfen.
▸ Nicht mit Tieren züchten, in deren Familie häufig Krankheiten auftreten.
▸ Um Probleme bei der Geburt zu vermeiden, sollte der Rammler nicht sehr viel größer sein als die Häsin.

Das passende Alter Zuchtreif sind Häsinnen frühestens ab dem 8. Monat. Erst dann ist sicher, dass sie die Geburt ohne körperliche Schäden überstehen. Beim ersten Wurf sollten sie aber auch nicht älter als zwei Jahre sein, da sonst gehäuft Fehlgeburten und anderen Komplikationen auftreten. Das beste Wurfalter: zwischen 9. Monat und 4. Lebensjahr. Gesunde Rammler können etwa bis zum 8. Lebensjahr Nachwuchs zeugen.

Die beste Paarungszeit

Hauskaninchen sind ganzjährig deckbereit. Nur bei Außenhaltung und starken jahreszeitlichen Klimaschwankungen kommt es vor, dass sich die Häsin »verweigert«. Der Instinkt sagt ihr, dass der Winter die unpassende Zeit zur Jungenaufzucht ist. Die Züchter helfen dann

▲

Beim ersten Freigang zeigen sich die Kleinen noch ängstlich, doch schon bald siegt die Neugier.

nach, indem sie das Tageslicht künstlich verlängern, für angenehme Temperatur sorgen und energiereichere Kost anbieten. Eine hochbrünstige Häsin erkennt man an den bläulichrot verfärbten und angeschwollenen Schamlippen. Streicht man gegen den Strich über ihr Fell, hebt sie das Hinterteil. Sie ist unruhig, stänkert gegen die Artgenossen, scharrt in der Einstreu und übt sich im Nestbau. **Hinweis** Oft reicht allein die Nähe eines Rammlers, um die Häsin in Hitze zu versetzen.

Die Hochzeit

Bei zusammenlebenden Paaren kann man das Werberitual gut beobachten. **Beschnuppern und Markieren** Der Rammler inspiziert die Analregion der Häsin. Die Duftstoffe verraten ihm, ob sie paarungsbereit ist. Durch Reiben der Kinndrüse markiert er sein Revier und signalisiert seinen Besitzanspruch. Oft wird auch die Häsin mit Harn besprüht. **Buhlen** Der Rammler tanzt um die Häsin herum, um sie auf sich aufmerksam zu machen. Dabei präsentiert er ihr das erhobene Schwänzchen, »er weist ihr die Blume« – manchmal begleitet von Brummtönen. Nicht jede Häsin nimmt von dem Imponiergehabe Notiz. **Kuscheln** Der Rammler sucht Körperkontakt, wenn er denkt, dass die Häsin ihm gewogen ist. Er kuschelt sich an sie und beleckt sie zärtlich. Die meisten Häsinnen lassen sich die Liebkosungen gern gefallen und erwidern sie auch. **Nachlaufen** Der Rammler läuft seiner Angebeteten hinterher, doch eine echte

Dame ziert sich natürlich noch einige Zeit. Sie lässt ihn herankommen, um ihm dann wieder zu entwischen. Wundern Sie sich nicht, wenn der Rammler die Häsin von allen Seiten zu besteigen versucht, dass gehört zum Werbeakt.

Der Deckakt

Die Häsin legt sich flach auf den Boden, biegt den Rücken durch und streckt ihr Hinterteil in die Luft. Jetzt steigt der Rammler von hinten auf, verbeißt sich in ihr Nackenfell und umfasst sie mit den Vorderpfoten. Der eigentliche Deckakt dauert nur wenige Sekunden. Anschließend rutscht der Rammler mit einem Knurrlaut von der Häsin und bleibt einige Sekunden wie gelähmt liegen. Der Eisprung erfolgt erst zehn bis zwölf Stunden später. Die Eier werden im Eileiter von den Spermien befruchtet und setzen sich acht bis zehn Tage danach in der Gebärmutter fest.

Futterzeit: Die Milchtheke der Mutter ist geöffnet – alles antreten zum Zitzenfassen!
Wer zuerst da ist, erwischt den besten Platz.

Geburt und Aufzucht

Es ist so weit. Bald gibt es Familienzuwachs im Kaninchenheim. Bereiten Sie alles gewissenhaft vor, damit Schwangerschaft und Geburt ohne Komplikationen verlaufen. Die künftige Mutter ist auf Ihre Hilfe angewiesen.

DIE SPANNUNG steigt. Man zählt die Tage und kann es kaum erwarten, bis die kleinen Kaninchen endlich da sind.

Hormone in Aufruhr

In der Regel sieht man einer Häsin die Trächtigkeit rein körperlich nicht an. Oft lässt aber das veränderte Verhalten Rückschlüsse zu. Wie alle Schwangeren glänzt die werdende Kaninchenmutti mit allerlei Macken. Die Hormone sind in Aufruhr und Schmusehäschen werden plötzlich zu Furien und sonst recht eigenwillige Damen wollen bemuttert werden. Erst am Ende der Schwangerschaft wird der Bauch manchmal dicker, und die Zitzen treten hervor. Gönnen Sie der Häsin besonders in den letzten Tagen Ruhe und bieten Sie ihr vitaminreiches Futter. Auf Petersilie, Schafgarbe und Liebstöckel sollte man verzichten, da diese Kräuter die Wehen fördern. Häufiges Herumtragen und anstrengende Spiele sind jetzt tabu, da Stress zu Fehl- und Frühgeburten führen kann.

Ein Nest muss her!

Je nach Rasse tragen Häsinnen 28 bis 34 Tage. Auch bei Kaninchen gibt es vorsorgliche Muttis, die schon früh mit den Geburtsvorbereitungen beginnen und Damen, die alles gelassen angehen und erst am Tag davor zu Höchstform auflaufen. Der Nestbautrieb kann also zu unterschiedlichen Zeiten einsetzen. In der Regel trägt die Häsin einige Tage vor der Geburt Stroh und Heu zusammen. Hektisch baut sie ein Nest, zerfleddert es wieder und fängt von vorne an. Sorgen Sie also für genügend Baumaterial. Es erweist sich als hilfreich, der Häsin eine Wurfkiste (→ Foto Seite 118) anzubieten, die sie gerne annimmt und dann meist in Eigenregie ausstattet. Die Wurfkiste bietet mehrere Vorteile:

- Es entspricht dem natürlichen Bedürfnis der Kaninchen, die Jungen in einer »Höhle« zu bekommen und aufzuziehen.
- Hier kann sich die Häsin bei Bedarf von ihren Artgenossen zurückziehen.
- Der Nachwuchs ist vor Zugluft und Kälte geschützt.
- In einer aufklappbaren Kiste kann man immer nach dem Rechten sehen.
- Sie können das Gehege reinigen, ohne die Jungen zu stören.

Einen Tag vor der Geburt rupft sich die Häsin die inzwischen gelockerte Bauchwolle aus und polstert damit das Nest. **Hinweis** Säubern Sie das Gehege noch einmal kurz vor der Geburt, damit Sie die frischgebackene Mutter später nicht gleich wieder stören müssen. Die Wurfkiste selbst ist Sache der Häsin, da sollten Sie sich nicht einmischen.

Die aufklappbare Wurfkiste erlaubt Kontrollen, ohne Mutter und Nachwuchs zu stören.

Scheinschwangerschaft

Wenn eine nicht gedeckte Häsin ein Nest baut, ist sie scheinschwanger. Der Eisprung kann nämlich nicht nur durch den Deckakt, sondern zum Beispiel auch durch das Rammeln zweier Weibchen ausgelöst werden. Meist ist dieser Hormonschub nach wenigen Stunden vorbei. Häsinnen, die regelmäßig scheinschwanger werden und alle Stadien bis hin zur Milchproduktion durchlaufen, sind gestresst und fressen kaum. In diesen Fällen sollte die Kastration (→ Seite 111) erwogen werden.

Willkommen im Leben!

In den letzten Tagen vor der Geburt wird die Häsin behäbiger. Sie ruht viel und bereitet sich instinktiv auf die Geburt vor. Kein Grund zur Sorge, wenn die Tragzeit um ein bis zwei Tage überschritten wird. Besonders kleine Würfe brauchen häufig etwas länger. Schauen Sie nicht ständig in der Wurfkiste nach, das stresst die Häsin nur.

Geburt Die Jungen kommen meist in der Nacht oder am frühen Morgen zur Welt. Mit der ersten Presswehe wird das Junge zur Hälfte ausgetrieben, mit der zweiten ist es schon geschafft. Die Mutter nabelt es ab, befreit es von der Eihaut und leckt es trocken. So wird zugleich auch der Kreislauf angekurbelt. Die Bindung zwischen Mutter und Kind basiert vor allem auf dem Geruch. Die Häsin frisst Eihaut und Nachgeburt und beseitigt wie in freier Natur alle Spuren der Geburt, um keine Feinde auf ihren Nachwuchs aufmerksam zu machen. Die Hormone in der Nachgeburt regen die Milchproduktion an. Die Geburt verläuft zügig. In 15 bis 20 Minuten können acht Babys zur Welt kommen. Danach ist die Mutter total erschöpft. Sie braucht jetzt viel Trinkwasser und vitaminreiche Kost, um sich zu erholen und genügend Milch zu produzieren. Kontrollieren Sie das Nest einige Stunden nach der Geburt, um eventuelle Totgeburten oder Reste der Nachgeburt zu entfernen. Locken Sie die Mutter vorher weg, da ihr Beschützerinstinkt sie manchmal aggressiv reagieren lässt. In den nächsten Tagen sollten Sie die Häsin beobachten, aber möglichst nicht stören, damit sie ihren Mutterpflichten nachkommen kann.

Hinweis Wenige Stunden nach der Geburt ist die Häsin wieder paarungsbereit.

Nachwuchs Kaninchenbabys sind Nesthocker. Sie werden blind, taub und fast nackt geboren. Ihre Umwelt nehmen sie nur über den Geruchs- und Tastsinn wahr. Wurfgröße und Gewicht der Jungen sind abhängig von der Rasse. Die

Kaninchennachwuchs
auf einen Blick

Hilflose Nesthocker ▶

Kaninchenbabys kommen blind, taub und fast nackt auf die Welt. Erste Flaumhärchen zeigen sich nach drei Tagen (rechts). Eine Woche später hat sich das Geburtsgewicht bereits verdreifacht (ganz rechts).

◀ Neugierige Entdecker

Mit zwei Wochen zeigen sich die Kleinen schon unternehmungslustig (ganz links). Mit der Zeit werden sie immer mutiger und starten auch zu Erkundungstouren im Freien. Gemeinsam fühlen sie sich stark (links).

Forsche Eroberer ▶

Mit sechs Wochen sind die Jungen relativ selbstständig. Grünfutter steht jetzt ganz oben auf dem Speiseplan. Voller Tatendrang erkunden sie die aufregende neue Welt. Ihre Neugier kennt keine Grenzen.

Fürsorge der Mutter und die Wärme der Geschwister sind für die Neugeborenen lebenswichtig. Fassen Sie die Babys in den ersten Tagen nur an, wenn es unbedingt nötig ist, etwa um ein herausgefallenes Junges wieder ins Nest zu legen.

Säugen Schon kurz nach der Geburt suchen die Babys die Zitzen. Die Häsin hockt sich übers Nest, die Jungen trinken meist in Rückenlage. Nach jeder Mahlzeit massiert die Mutter die Bäuche ihrer Kinder mit der Zunge, um die Verdauung anzuregen. In den ersten Tagen erhalten die Jungen die sogenannte Kolostralmilch, deren Abwehrstoffe sie vor Krankheiten schützt. Kaninchenmilch ist nährstoffreich. Deshalb werden die Jungen nur ein- bis zweimal täglich gesäugt und das oft nachts, sodass es der Halter kaum mitbekommt. Kaninchenbabys sind kleine Vielfraße und nehmen bis zu 25 Prozent ihres Körpergewichts an Milch auf. Ein rundes Bäuchlein zeigt an, dass alles in Ordnung ist.

Hinweis Häsinnen haben sechs bis zehn Zitzen, mit denen aber auch größere Würfe gesäugt werden können. Die Mutter verliert im Laufe der Jungenaufzucht etwas an Gewicht.

TIPP

Löwenzahn für die Mutter

Um die Milchbildung der Häsin anzuregen, können Sie Löwenzahnblätter und getrocknete Brennnesseln füttern. Nicht anbieten sollten Sie dagegen Rotklee, Salbei und Minze. Diese Kräuter wirken abstillend. Frauenmantel fördert die Wundheilung und beugt auch Gebärmutterentzündungen vor.

Vom Nesthocker zum Entdecker

Kaninchenbabys werden sehr schnell groß. Eben noch hilflose Nesthocker, erobern sie schon kurz darauf die Welt.

Nach drei Tagen zeigen sich deutlich die ersten Flaumhaare. Die Bewegungen der Kleinen sind noch unkoordiniert.

Nach einer Woche hat sich das Gewicht verdoppelt. Fellfarben sind erkennbar.

Zwischen 7. und 12. Tag öffnen sich die Augen, und die Jungen reagieren auf Geräusche. Weicher Flaum bedeckt den Körper, die Fellzeichnung wird deutlich.

Hinweis Verklebte Augen feucht abwischen, damit sie sich öffnen können.

Nach zwei Wochen hat sich das Geburtsgewicht vervierfacht. Das Fell ist gut entwickelt, die Babys starten zu kurzen Erkundungstouren in der Wurfkiste. Erste Putzversuche scheitern am noch unterentwickelten Gleichgewichtssinn.

Nach drei Wochen entdeckt man die Welt draußen. Plumpes Krabbeln wandelt sich zu elegantem Hoppeln, Männchen machen klappt auch schon gut. Erste Heuhalme werden benagt, die Milchleistung der Mutter lässt nach. Das Geburtsgewicht hat sich versechsfacht.

Hinweis Vorsicht! In großen Wassernäpfen können die Kleinen ertrinken.

Nach vier Wochen dürfen die Jungen zu den anderen Kaninchen in den Auslauf. Sie naschen schon aus dem Futternapf der Großen, werden aber noch gesäugt.

Hinweis In dieser Phase lässt sich gut eine Vertrauensbasis aufbauen.

Nach sechs Wochen sind die Kleinen selbstständig. Ihre Verdauung hat sich auf feste Nahrung umgestellt, und sie trinken nur noch vereinzelt bei der Mutter. Unter den Geschwistern kommt es zu ersten Rangordnungsstreitigkeiten.

*Wo Mama wohl hin ist? Ängstlich schmiegen sich die
kleinen Kaninchenkinder aneinander.*

Nach 10 bis 12 Wochen werden Kaninchen geschlechtsreif. Trennen Sie vorsorglich Rammler und Häsinnen und denken Sie über eine Kastration nach.

Geburtsprobleme

Normalerweise klappt die Geburt reibungslos. Bei planlosen Verpaarungen jedoch, wenn zum Beispiel die Größe der Elterntiere nicht beachtet wurde, sind Probleme nicht auszuschließen: Die Jungen können im zu engen Geburtskanal stecken bleiben und sogar den Tod der Häsin verursachen. Manchmal gelingt es ihr, die Babys selbst herauszuziehen. Dabei werden sie aber oft verletzt und später von ihr aufgefressen, weil sie nicht mehr zwischen Jungen und Nachgeburt unterscheiden kann. Auch Infektionen oder starke Blutungen können auftreten.

Totgeburten sind nicht selten. Bei der Wurfgröße hat die Natur die hohe Verlustrate durch Umwelteinflüsse und Fressfeinde bereits einkalkuliert. Wenn sich eine frischgebackene Kaninchenmama nicht um ihren Nachwuchs kümmert, hat das meist einen triftigen Grund. Besonders junge und eigentlich noch nicht zuchtreife Häsinnen sind ebenso wie erstgebärende Mütter oft überfordert. Sie bauen kein Nest, bringen den Nachwuchs einfach dort zur Welt, wo sie gerade sind, sodass die Jungen erfrieren. Häufig produzieren sie auch zu wenig Milch, und die Kleinen müssen per Hand aufgezogen werden. Selbst bei guter Vorbereitung bleibt also immer ein gewisses Risiko.

MEIN HEIMTIER

Wer ist der größte Klettermaxe?

Es dauert nicht lange, bis der vorwitzige Nachwuchs zur ersten Erkundungstour startet. Stellen Sie den Kids ein paar Hindernisse in den Weg und testen Sie, wer die Weidenbrücke, das kleine Holzstück oder ein dickes Buch am besten überwindet.

Der Test beginnt:
- Welches Langohr meistert jede Hürde ohne Probleme?
- Gibt es Angsthasen, die lieber einen längeren Umweg in Kauf nehmen?
- Welcher Hoppel scheitert am Parcours, weil seine Kletterkünste nicht ausreichen?
- Wer ist zu faul, um sich überhaupt für die Kletteraktion zu begeistern?
- Kann ein Leckerbissen die Youngster zu größerer Aktivität animieren?

Mein Testergebnis:

Handaufzucht

Je jünger die Babys, desto geringer sind ihre Überlebenschancen. Die Kolostralmilch der Mutter (→ Seite 120) ist kaum zu ersetzen. Am besten eignet sich Katzenaufzuchtmilch, die aber nicht lange vorhält und alle vier Stunden verabreicht werden muss. Milchpulver im Verhältnis 1 : 2 mit abgekochtem Wasser oder Fencheltee anrühren. Zur Not können Sie auch auf 12%ige Kondensmilch (keine Kaffeesahne) ausweichen. Dieser Tipp meiner Tierärztin hat sich oft bewährt. Kaninchenbabys zeigen noch keine Laktose-Intoleranz. Träufeln Sie die handwarme Milch mittels Pipette vorsichtig ins Maul. Köpfchen nicht zu weit nach hinten halten, damit sich das Tier nicht verschluckt. Währenddessen die Milch im heißen Wasserbad warm halten. Tagesration für Neugeborene ca. 6 bis 8 ml, doch jeder Tropfen zählt. Nach dem Füttern den Bauch massieren, um die Verdauung anzuregen. Urin- und Kotabsatz sind gute Zeichen. Dann kommen die Babys sofort zurück ins Nest. Rotlicht kann vor Auskühlung schützen (→ Seite 91). Achtung: nicht zu heiß bestrahlen. Gewichtszunahme durch tägliches Wiegen kontrollieren. Ab der 3. Lebenswoche kann Aufzuchtfutterbrei zugefüttert werden. Dazu immer Heu und Wasser anbieten.

Ammendienste

Bei uns werfen oft mehrere Weibchen gleichzeitig. Kümmert sich eine nicht um ihre Jungen, übernimmt eine andere

Mutter Ammenpflichten. Dazu kommt sie für kurze Zeit aus dem Stall, und man legt ihr die »Kuckucksseier« ins Nest. Die Kleinen nehmen so den Geruch ihrer neuen Geschwister an. Die Amme erhält derweil Nestmaterial der »Rabenmutter« zum Beschnuppern, um sich schon einmal an die fremde Duftmarke zu gewöhnen. Dann darf sie zurück in ihr Nest. Längere Boebachtung der Häsin ist erforderlich. Bisher wurden bei uns aber alle Babys problemlos adoptiert.

Abschied vom Hotel Mama

Frühestens nach acht Wochen können junge Kaninchen abgegeben werden. Bei großen Würfen dauert die Entwicklung manchmal länger, und die Kinder sollten noch einige Zeit bei der Mutter bleiben. Informieren Sie vor allem Neulinge in der Kaninchenhaltung über artgerechte Tierhaltung und weisen Sie speziell auf die frühe Geschlechtsreife hin, um ungewolltem Nachwuchs vorzubeugen.

Diese beiden Kleinen können beruhigt schlafen – ihre Mama kümmert sich liebevoll um sie. Doch manchmal ist auch eine Handaufzucht notwendig.

Fragen zu Nachwuchs und Aufzucht

? **Unsere beiden Häsinnen rammeln miteinander. Ist das okay?**
Das ist völlig normal. Das Rammeln oder Besteigen dient nicht allein der Fortpflanzung, sondern auch der Rangordnung. Wer sich besteigen lässt, ist untergeordnet. Auch wenn ein Weibchen hitzig (bereit für den Deckakt) ist, kommt es häufiger zu Rammeleien.

? **Wir haben ein Kaninchenpaar, das sich bisher gut vertragen hat. Jetzt ist die Häsin plötzlich aggressiv und rupft sich das Bauchfell aus. Der Rammler ist kastriert. Was bedeutet das?**
Das Verhalten deutet auf Scheinschwangerschaft hin. Der Deckakt setzt Eizellen frei, die natürlich nicht befruchtet werden. Manchmal werden jedoch Schwangerschaftshormone produziert. Die Häsin wird zickig, rupft sich Haare aus und baut ein Nest. Einfach gewähren lassen, nach einigen Tagen ist der Spuk vorbei. Gönnen Sie den Kaninchen viel Freiraum, damit sie sich bei Bedarf aus dem Weg gehen können. Wird eine Häsin häufig scheinschwanger, sollte sie kastriert werden.

? **Hauskaninchen haben ja keine feste Brunstzeit und können immer gedeckt werden. Bei unseren Langohren klappt es aber nicht, obwohl wir es nun schon seit geraumer Zeit versuchen.**
Im Gegensatz zu den wilden Verwandten gibt es bei den Hauskaninchen in der Regel tatsächlich keine bestimmte Brunstzeit. Das liegt daran, dass die Bedingungen für den Nachwuchs bei Wohnungshaltung optimal sind. Anders sieht es jedoch aus, wenn Sie Ihre Tiere im Außengehege halten. Dann spielen Temperatur, Tageslänge und Nahrungsangebot durchaus eine Rolle. Der Instinkt sagt den Langohren, dass die kalte Jahreszeit für die Aufzucht ungeeignet ist. Zudem haben Häsinnen bei Temperaturen um und unter dem Gefrierpunkt keinen Eisprung mehr. Deshalb gibt es »Winterkinder« nur selten. Im Sommer beeinflussen hohe Temperaturen die Deckfähigkeit des Rammlers. Bei über 28 °C ist sein Sperma meist nicht mehr befruchtungsfähig.

? **Unsere Kaninchen haben erstmals Nachwuchs. Mir fällt auf, dass die Kleinen oft übereinanderliegen. Können sie dabei nicht ersticken?**
Keine Panik, das ist ein normales Verhalten, das den Jungen nicht schadet. Die Neugeborenen können ihre Körpertemperatur noch nicht selbst regulieren und bilden deshalb eine sogenannte Wärmepyramide. Wem es zu kalt wird, der drängelt sich einfach in die Mitte, manchmal über die Köpfe der anderen hinweg. So werden die Plätze immer wieder gewechselt, und kein Baby kühlt aus. Die Winzlinge schauen zwar hilflos aus, sind aber eigentlich schon ganz schön clever.

? Zunächst schien mit dem Wurf alles in Ordnung, aber nun sind alle Jungen tot. Haben wir etwas falsch gemacht?
Wenn Sie vorher alles richtig geplant hatten, müssen Sie die Schuld nicht bei sich suchen. Es ist tragisch, passiert aber hin und wieder. Besonders unerfahrene und junge Häsinnen vernachlässigen manchmal die Jungen oder produzieren zu wenig Milch. Vielleicht kamen die Kleinen auch zu früh und waren nicht lebensfähig. Ein Checkup von Häsin und Rammler beim Tierarzt ist sinnvoll. Gibt es weder organische noch genetische Probleme, sollte die Häsin eine zweite Chance bekommen. Lassen Sie ihr aber vorher Zeit zur Erholung.

? Bekommt die Häsin auch eine Monatsblutung?
Die gibt es bei Kaninchen nicht, da die Weibchen keinen zyklischen Eisprung haben. Erst der Deckakt übt einen Nervenreiz aus, durch

den es zehn bis zwölf Stunden später zum Eisprung kommt. Beim Decken beißt der Rammler die Häsin in den Nacken. Das ist eventuell ein weiterer Signalreiz.

? Beim Kauf unseres Kaninchenpaares hat man uns erklärt, dass der Rammler kastriert ist. Trotzdem hat sich jetzt Nachwuchs eingestellt. Wie ist das möglich?
Vorsichtshalber sollten Sie das Paar sofort trennen und vom Tierarzt klären lassen, ob der Rammler wirklich kastriert ist. Ist das nicht der Fall, muss das umgehend nachgeholt werden. Vielleicht wurde die Kastration aber auch erst kurz vor dem Kauf durchgeführt. Der Rammler ist danach noch bis zu sechs Wochen zeugungsfähig. Vielleicht hatte die Häsin auch irgendwann Kontakt mit anderen Artgenossen. Vor allem Kinder denken sich nichts dabei und lassen ihre Hoppel manchmal mit den Kaninchen von Freunden spielen.

? Ist auch schon für Jungtiere ein regelmäßiger Auslauf wichtig?
Natürlich, der Bewegungsdrang ist angeboren. Bereits ab der 3. Lebenswoche erkunden die Kleinen ihre Umgebung. Ein großer Aktionsradius unterstützt die Muskelbildung und kräftigt Herz und Lunge.

? Manchmal liegt eines unserer Kaninchenbabys außerhalb des Nests. Darf ich es dann unbesorgt anfassen und zurücklegen?
Es kommt vor, dass sich ein Jungtier beim Trinken so an der Zitze seiner Mutter festsaugt, dass die Häsin es beim Verlassen des Nests versehentlich mit herauszieht. Legen Sie es einfach wieder zurück, damit es nicht auskühlt. Die Kaninchenmama kümmert sich trotzdem weiter um ihren Nachwuchs. Wenn die Jungen älter sind, krabbeln sie manchmal auch alleine heraus und finden nicht gleich wieder den Weg zurück.

Schnelle Hilfe
bei Problemen

Kaninchen verkörpern das Image vom perfekten Heimtier:
zutraulich, gutmütig, anspruchslos. Doch ganz so einfach ist es nicht.
Auch die liebenswerten Langohren haben Ecken und Kanten.

Verhaltensstörungen – Ursachen und Therapie

Viele Menschen sehen im Kaninchen nur das »Schmusehäschen«. Verhält sich ein Langohr dann aber einmal widerspenstig, wird es sehr schnell als Problemtier abgestempelt. Doch meist sind es äußere Umstände, die zu einer Verhaltensänderung führen.

KLEINE PERSÖNLICHKEITEN sind Kaninchen allemal. Da gibt es Angsthasen und Draufgänger, Schmuselappen, Eigenbrötler, Musterschüler und Frechdachse. Manche verzeihen Fehler schnell, andere schmollen ewig. Doch gerade das macht Langohren interessant und liebenswert. Bestimmte Verhaltensweisen sind aber nicht im Wesen der Tiere begründet. Verhält sich ein Langohr auffällig anders als sonst, sind meist äußere Einflüsse die Ursache. Solche Veränderungen können sich von heute auf morgen, aber auch unbemerkt über viele Monate einstellen.

Zerstörer

In der Brust mancher Kaninchen schlägt das Herz eines Raubtiers, nicht das des ängstlichen Fluchttiers. Sie rütteln am Gehegegitter, springen gegen die Käfigwand, beißen in die Stäbe, jagen beim Freilauf wie wild durchs Zimmer. Keine Zeitung, kein Buch ist vor ihnen sicher. **Ursache** Typischer Fall von Knastkoller, der oft bei Einzelhaltung auftritt. Das Kaninchen hat zu wenig Auslauf und schlägt über die Stränge, wenn es raus darf. Auch Langeweile ist ein häufiger Auslöser. Vielleicht ist der Hoppel aber auch nur ein kleiner Choleriker.

Therapie Für mehr Bewegungsraum und interessante Beschäftigung sorgen. Mindestens einen Artgenossen als Spielpartner dazugesellen.

Angeber

Besonders die Herren der Schöpfung spielen gern den Angeber. Alles und jeder wird ständig markiert und zum Privatbesitz erklärt. Harnspritzen ist die Lieblingsbeschäftigung dieser Rammler – zum Leidwesen ihrer Besitzer. In der Wohnung wird die Geruchsbelästigung zum Problem. Auch einige Häsinnen zeigen dieses Verhalten.

Buri in Aktion: ▶
An Temperament mangelt es unserem Hansdampf in allen Gassen wahrlich nicht. Wichtige Papiere lässt man bei so einem Fetzteufel besser nicht herumliegen.

Ursache Das Markieren des Reviers ist ein normales Verhalten. Eventuell will der Rammler damit seiner Liebsten imponieren. Auch eine Häsin unterstreicht auf diese Weise ihre Dominanz.
Therapie Die Kastration des Rammlers vermindert den Sexualtrieb, das Harnspritzen lässt nach, und es riecht weniger streng. Zudem ist es die sicherste Verhütungsmaßnahme und dient darüber hinaus auch der Gesunderhaltung.

Angsthase

Sehr ängstliche Kaninchen trauen sich kaum aus ihrem Häuschen. Das kleinste Geräusch lässt sie zusammenzucken

Triebtäter

Wenn die Hormone im Spiel sind, kann alles passieren: Sanfte Streichelhäschen werden zu Furien, Streithammel sind plötzlich lammfromm, beste Freundinnen zicken sich an, und dickste Kumpel gehen getrennte Wege.
Ursache Hormonschübe in Pubertät, Schwangerschaft und Scheinschwangerschaft lösen oft drastische Verhaltensänderungen aus. Bei manchen Tieren ist auch der Sexualtrieb ausgeprägter.
Therapie Die Macken in Pubertät und Schwangerschaft müssen Sie ertragen. Die Kastration stoppt starken Sexualtrieb und Scheinschwangerschaften.

Wenn die Kaninchen Verhaltensprobleme haben, sind nicht artgerechte Haltungsbedingungen die häufigsten und schwerwiegendsten Ursachen.

und schwupps sind sie im nächsten Unterschlupf verschwunden. An Streicheln und Kuscheln ist überhaupt nicht zu denken.
Ursache Manche Tiere sind von Natur aus scheu. Vielleicht hat der Hoppel irgendwann schlechte Erfahrungen gemacht und ist deshalb verängstigt. Bei einem neuen Kaninchen ist eine gewisse Zurückhaltung jedoch normal, es muss sich erst eingewöhnen.
Therapie Hier ist Geduld gefragt. Versuchen Sie Schritt für Schritt Vertrauen aufzubauen. Vermeiden Sie laute oder fremde Geräusche und hastige Bewegungen, die das Kaninchen erschrecken. Locken Sie es mit kleinen Leckerbissen, aber akzeptieren Sie auch, wenn es in Ruhe gelassen werden will.

Beißer

Das Kaninchen wird schon unruhig, wenn man nur in seine Nähe kommt. Streckt man die Hand aus, quittiert es das mit einem derben Pfotenhieb. Das Füttern geht selten ohne Bissspuren ab.
Ursache Aggressives Verhalten ist selten. Übertriebener Beschützerinstinkt einer Mutter kann die Ursache sein. Gibt es keine hormonellen Auslöser (→ »Triebtäter«, oben), dann liegen Haltungsfehler oder eine Erkrankung zugrunde.
Therapie Der Gesundheitscheck beim Tierarzt hat Priorität. Ist das Kaninchen gesund und die Haltung stimmt, sind oft negative Erfahrungen schuld. Versuchen Sie mit Liebe und Geduld das gestörte Vertrauen zurückzugewinnen.

◄ 1 **Klaufix** Warum selbst mühselig etwas vom Baum zupfen? Unser Klaufix lässt andere arbeiten und stiebitzt sich dann seinen Teil. Zum Glück ist er ein guter Sprinter, sonst käme er nicht immer heil davon.

Streithammel Trautes Zusammenleben? Das ist Karlchen viel zu langweilig. Er stänkert so lange, bis die Fetzen fliegen. Ist die Geduld seiner Kumpane überstrapaziert, gibt es schon mal eins hinter die Löffel. 2 ▶

◄ 3 **Draufgänger** Es gibt keinen größeren Angeber als Buri. Alles wird von ihm markiert und als Besitz deklariert. Die anderen Rammler machen lieber einen Bogen um ihn, doch die Damen liegen ihm zu Füßen.

Schwerenöter Felix versucht es auf die charmante Tour. Geschmeidig wie eine Katze schleicht er sich an, stolziert vor den Fräuleins hin und her und setzt sich gekonnt in Szene – bis Buri ihn dabei erwischt. 4 ▶

Ferkelchen

Das Kaninchen wird nicht stubenrein oder ist plötzlich unsauber geworden. **Ursache** Sehr junge Tiere können ihr Geschäft noch nicht steuern. Eventuell steht die Toilette am falschen Platz. Oft führen veränderte Lebensbedingungen zur Unsauberkeit. Mit Beginn der Geschlechtsreife wird häufiger markiert.

Familienkrach

Das Rudel hat sich immer bestens verstanden, doch plötzlich herrscht Stress. Ein Kaninchen war wegen Krankheit für kurze Zeit in Quarantäne und wird jetzt nicht mehr akzeptiert. **Ursache** Das Tier hat einen fremden Geruch und wird nicht mehr erkannt. Möglicherweise wurde inzwischen auch sein Platz in der Gruppenhierarchie anderweitig besetzt ist und muss nun zurückerobert werden.

WUSSTEN SIE SCHON, DASS …

… die Jungen länger bei Mama bleiben sollten?

Junge Kaninchen müssen den Blinddarmkot ihrer Mutter aufnehmen, um eine gesunde Darmflora aufzubauen. Das ist gerade in der Umstellungsphase von Milch auf Rohfaserkost lebenswichtig, da sonst gefährliche Verdauungsstörungen drohen. Außerdem lernen die Jungtiere von der Mutter Sozialverhalten und das Prinzip der Rangordnung. Fehlen diese Erfahrungen, kommt es später oft zu Rivalitätskämpfen. Die Kaninchen können sich nicht in die Gruppenhierarchie einordnen oder haben Schwierigkeiten, ihren Platz zu akzeptieren. Deshalb sollten Jungtiere frühestens nach vollendeter 8. Lebenswoche von der Mutter getrennt werden. Zudem belegen Erfahrungswerte, dass weibliche Kaninchen, die längere Zeit bei ihrer Mutter bleiben durften, später auch selbst bessere Mütter sind. Sie sind wesentlich ruhiger und sicherer und sowohl Schwangerschaft als auch Geburt verlaufen meist ohne Komplikationen.

Therapie Beobachten Sie das Kaninchen und stellen Sie die Toilette dort auf, wo es sich am häufigsten erleichtert. Ein verstärkter Markierungsdrang lässt sich nur durch die Kastration abschwächen. Es gibt allerdings auch einige Langohren, die nie ganz stubenrein werden. Auch das müssen Sie akzeptieren.

Therapie Augen zu und durch. Da das Kaninchen bereits früher in die Gruppe integriert war, wird es seinen Platz schon bald wieder finden. Die Kaninchen regeln solche Dinge am besten unter sich, der Halter muss nicht eingreifen. Ernste Kämpfe sind nicht zu erwarten.

Kleine Alltagsprobleme

Auch wenn die Kaninchen längst zur Familie gehören und niemand sich ein Leben ohne sie vorstellen kann, stellen sich doch von Zeit zu Zeit meist kleinere Alltagsprobleme und Unstimmigkeiten ein, die gemeistert werden wollen.

DAS LEBEN und die Verhältnisse ändern sich. Einiges lässt sich planen, anderes kommt überraschend. Nicht selten wirkt sich das auch auf die Kaninchen und ihre Haltungsbedingungen aus.

Ferienplätze für Kaninchen

Über die Betreuung in der Urlaubszeit sollte man sich Gedanken machen, bevor die Kaninchen überhaupt ins Haus kommen. Doch das wird oft einfach verdrängt: »Es ist ja noch so lange hin und irgendwer wird sich schon finden.« Plötzlich sind Ferien und nichts ist organisiert. Hektisch sucht man nach einer Urlaubsvertretung. Auch für die Kaninchen bedeutet das enormen Stress, denn Hals über Kopf reißt man sie aus ihrer gewohnten Umgebung und verfrachtet sie in irgendeine Tierpension oder gar ins Tierheim. Wer ein bisschen vorausplant, erspart sich nicht nur viel Ärger, sondern auch Zeit und Geld.
Erlebnisreise Wenn Sie im Urlaub stets auf Tour sind, bleiben die Kaninchen besser zu Hause. Meist hat man die Ferientage sowieso verplant und kaum Zeit für die Tiere. Allein in fremder Umgebung fühlen sich die Langohren unsicher. Auch Auslauf und Fütterung könnten Probleme bereiten.

Flotte Landpartie Wenn die Kinder ihre Ferien bei Oma und Opa auf dem Land verbringen, dürfen die Hoppel eventuell mit. Hier haben die Kids Zeit, sich mit ihren Lieblingen zu beschäftigen. Der Umgebungswechsel ist für die Tiere etwas stressig, bringt aber auch Abwechslung und vielleicht mehr Auslauf. Da Bezugspersonen und Mobiliar mitreisen, fällt das Eingewöhnen leicht.
Bitte beachten Im Sommer kann das Auto zur Hitzefalle werden. Wer keine Klimaanlage hat, sollte in den kühlen Morgen- oder Abendstunden auf Tour gehen und öfter Pausen einlegen.

Bitte vergessen Sie bei der Planung Ihres Urlaubs die hoppelnden Hausfreunde nicht!

ELTERN-EXTRA

Ein Partner für Bommel?

Meine Tochter hat seit Jahren ein Kaninchen. Nun will sie ein zweites, weil sie gelesen hat, dass die Tiere nicht einzeln gehalten werden sollen. Ich halte das für unnötig, weil wir uns mehrere Stunden täglich mit unserem Bommel beschäftigen und er garantiert nichts vermisst und bestimmt auch nicht einsam ist.

IHRE ARGUMENTE höre ich oft. Ich bin mir sicher, dass Sie es gut mit dem Kaninchen meinen und es gewissenhaft versorgen. Leider aber enthalten Sie ihm aus Unwissenheit das Wichtigste vor: den echten Gesprächspartner und Kuschelfreund. Auch wenn sich die Familie viel mit Bommel beschäftigt, kann sie ihm die Artgenossen nicht ersetzen. Sie sollten stolz darauf sein, dass sich Ihre Tochter über die Ansprüche der Langohren informiert hat und sich nun für einen Freund für Bommel einsetzt.

Kaninchen leiden leise

Kaninchen sind sehr anpassungsfähig. Sie finden sich mit ihrem Schicksal ab, ohne zu rebellieren. Daher können wir nur schwer erkennen, was ein Kaninchen wirklich fühlt. Wir gehen davon aus, dass alles in Ordnung ist, aber das Tier leidet. Es leidet so leise, dass ein Mensch schon genau hinhören und hinschauen muss, um es mitzubekommen. Ein Langohr hat nicht nur Anspruch auf eine gute Grundversorgung und ausreichende Beschäftigungsmöglichkeiten, sondern auch auf Artgenossen, die das Leben mit ihm teilen. Nur so kann ein Kaninchen Ihre Aufmerksamkeit auch wirklich genießen. Geteilte Freude ist doppelte Freude. Haben Sie schon einmal ein Kaninchen in der Gruppe erlebt? Dann wird Ihnen schlagartig klar, dass Ihr Bommel einsam ist und sich nach einem Partner sehnt. Kaninchen besitzen ein ausgeprägtes Sozialverhalten, sie wollen mit ihren Artgenossen herumtollen, spielen und ein Schwätzchen halten. Das kann der Mensch den Tieren nicht bieten. Gegenseitige Fellpflege, gemeinsam kuscheln oder sich auch einmal in die Wolle bekommen – all das gehört zum erfüllten Kaninchenleben.

Doppelte Freude

Auch wenn Ihr Kaninchen schon länger alleine lebt, ist eine Zusammenführung meist noch möglich. Schauen Sie sich im Tierheim um. Dort gibt es viele Langohren, die auf ein nettes Zuhause warten. Wählen Sie ein Tier, das von Geschlecht und Alter zu Ihrem Bommel passt. Man berät Sie im Tierheim gerne. Und keine Angst, dass Bommel zu Ihnen auf Distanz geht, wenn er einen neuen Lebenspartner hat. Im Gegenteil: Er wird aktiver und lebenslustiger werden und gemeinsame Spiel mit Ihnen noch mehr genießen. Und Sie dürfen sich über zwei putzige und gesunde Hoppel freuen. Die sozialen Interaktionen von Kaninchen zu beobachten, ist interessanter als das Programm im Fernsehen. Sie werden dabei mit Sicherheit ganz neue und verblüffende Verhaltensweisen entdecken.

Homeservice Fragen Sie Bekannte und Freunde, ob jemand die Tiere versorgen kann. Empfehlenswert sind Nachbarn, weil sie ohne großen Aufwand auch zwischendurch mal nach den Kaninchen schauen können. Weisen Sie die Urlaubsbetreuung frühzeitig ein und hinterlegen Sie den Tiersitter-Pass (→ Seite 136), in dem alles Wichtige vermerkt ist.

Tierpension Keine Betreuung vor Ort möglich? Dann erkundigen Sie sich rechtzeitig nach einer guten Tierpension in Ihrer Nähe, die aber vorab eingehend inspiziert werden sollte.

Tierheim Das ist der letzte Ausweg. Aber so weit sollte es nicht kommen. Dort hat man nämlich gar keine Zeit, um sich mit Ihren Kaninchen zu beschäftigen oder womöglich spezielle Wünsche zu erfüllen. Das Personal ist meist sehr nett und tierlieb, in der Regel aber total überfordert.

Mein Tipp Auch Züchter und Hobbyhalter nehmen oft tierische Urlaubsgäste auf. Nachfragen kostet nichts.

Sind Kaninchen ein Risiko fürs Baby?

Familienzuwachs ist angesagt – und dieses Mal nicht bei den Kaninchen. Bei aller Vorfreude aufs Baby macht man sich auch Gedanken wegen der Heimtiere: Stellen die Kaninchen ein Risiko für die werdende Mutter und das Ungeborene dar? Kann sie sich mit einer Krankheit infizieren? Bleibt nach der Geburt überhaupt noch genug Zeit für die Langohren oder ist es nicht besser, sich von ihnen zu trennen? Verständliche Überlegungen, doch die Sorgen sind unberechtigt: Bei Einhaltung der üblichen Hygienemaßnahmen besteht keinerlei Gefahr für Mutter und Kind, sich bei den Mümmelmännern mit einer Krankheit anzustecken. Natürlich wirft ein Baby den eingespielten Tagesablauf erst einmal über den Haufen. Aber selbst wenn jetzt nicht mehr so viel Zeit zum Kuscheln und Spielen bleibt, kommen die Kaninchen damit klar. Solange die Grundversorgung gesichert ist,

Auch ganz kleine ▶ *Kinder dürfen schon allererste Kontakte zu den Kaninchen knüpfen. Aber bitte immer nur unter Aufsicht, damit das Treffen für beide Seiten gut verläuft.*

sollte man keinen Gedanken an eine Trennung verschwenden. Es dauert nicht lange und Ihr Baby kann sich auch schon mit den Hoppeln beschäftigen. Sie bekommen also letztlich sogar mehr Aufmerksamkeit und Zuwendung als vorher. Für Kinder ist der Kontakt mit Heimtieren eine prägende Erfahrung. Sie bauen anfängliche Berührungsängste schnell ab, lernen die Bedürfnisse der Tiere zu respektieren und behutsam mit ihnen umzugehen. Zudem übernehmen sie meist viel früher als ihre Altersgenossen bereitwillig Verantwortung.

Ich selbst bin mit vielen Tieren aufgewachsen, und auch meine beiden Söhne hatten von klein auf Kontakt zu Kaninchen, Hamstern, Meerschweinchen und anderen Tieren. Probleme mit Krank-

heiten oder Ähnlichem gab es nie. Ich bin absolut davon überzeugt, dass die Beschäftigung mit Tieren unser Leben ganz entscheidend bereichert.

Kaninchen auf der Flucht

Einmal nicht aufgepasst und schon ist es passiert: Ein Kaninchen ist ausgebüxt. In der Wohnung ist das weniger dramatisch, denn spätestens zur Fütterungszeit kehren die meisten Langohren ganz von alleine wieder zurück. Türmt ein Tier aus dem Freigehege, sieht die Sache schon anders aus. Hier hängt es von der guten Erziehung und vom Temperament des Ausreißers ab, wie schnell er sich wieder einfangen lässt. Oberstes Gebot: Ruhe bewahren. Kopf-

MEIN HEIMTIER

Wie holt man Ausreißer wieder nach Hause?

Auch das größte Gehege schützt nicht vor Ausbruchsversuchen. Manche Kaninchen kommen nach der unerlaubten Entfernung von der Truppe freiwillig zurück, bei anderen hilft nur List und Tücke. Testen Sie, wie Sie Ihre Ausreißer nach Hause holen.

Der Test beginnt:

○ Welches Kaninchen lässt sich ganz leicht mit seinem Lieblingsfutter ins Gehege locken?
○ Wer hat das Erziehungstraining erfolgreich absolviert und kommt auf Zuruf zurück?
○ Gibt es kleine Angsthasen, die nicht genug Mut für einen Ausbruchsversuch aufbringen?
○ Oder muss man sich sogar um Ausbrecher kümmern, die ihre neu gewonnene Freiheit in vollen Zügen genießen und gar nicht daran denken, wieder nach Hause zu kommen?

Mein Testergebnis:

Kaninchen getürmt? Unser Rübenbeet zieht die Ausbrecher magisch an. ▶

loses Hinterherjagen bringt gar nichts. Jede Wette, er ist schneller als Sie. Sichern Sie die Ausbruchsstelle, damit nicht noch mehr Mümmelmänner auf unerlaubten Freigang gehen. Lassen Sie die anderen Kaninchen aber nach Möglichkeit im Garten, da der Abtrünnige fast immer in der Nähe seiner Artgenossen bleibt. Meist hält er sich noch in Sichtweite auf und ist hin- und hergerissen zwischen Freiheitsdrang und Gewohnheit. Versuchen Sie ihn mit seinem Lieblingsfutter anzulocken. Hier bewährt sich ein gutes Erziehungstraining. Im günstigsten Fall kommt der Ausbrecher ganz von alleine zurück. Klappt das nicht oder hoppelt er sogar weiter weg, muss eine andere Taktik her. Ist ein zweites Gehege verfügbar, stellt man es direkt neben dem ersten auf. Die Tür bleibt offen. Ansonsten müssen die anderen Langohren das Feld räumen. Machen Sie einen großen Bogen um den Ausreißer und nähern Sie sich ihm von hinten. Er wird Sie genau beobachten und nach vorn ausweichen. Solange Sie sich nur langsam vorwärtsbewegen, jagt er nicht davon, sondern wahrt lediglich die Distanz zu Ihnen. Weicht er nach der Seite aus, reagieren Sie entsprechend. So können Sie den Ausreißer in die gewünschte Richtung treiben. Sobald er in der Nähe des Geheges und seiner vertrauten Unterschlupfe kommt, flüchtet sich der verunsicherte Hoppel fast immer von ganz alleine hinein. Was aber tun, wenn das Langohr sich als echter Draufgänger erweist und völlig von der Bildfläche verschwindet? Da hilft nur die große Suchaktion. Wahrscheinlich sitzt der Ferntourist irgendwo mucksmäuschenstill im Gebüsch. Erkunden Sie das Gelände langsam, damit Sie ihn nicht aufscheuchen und er gänzlich das Weite sucht. Und geben Sie die Hoffnung nicht auf, auch wenn Sie den Ausreißer nicht finden. Uns sind immer wieder Tiere ausgebüxt, aber alle haben den Weg nach Hause gefunden. Ein Kaninchen war eine ganze Woche verschwunden, und wir befürchteten schon das Schlimmste. Doch eines Morgens saß es vor der Haustür – zerzaust, aber mopsfidel. Auf unsere gute Pflege wollte es wohl doch nicht verzichten …

Hinweis Wenn sich ein Kaninchen sehr weit von seinem Basislager entfernt hat, ist es sinnvoll, die Transportbox oder einen ihm bekannten Unterschlupf in der Nähe aufzustellen. Manchmal reicht dann der Reiz des Vertrauten aus.

Tiersitter-Pass

Sie möchten in Urlaub fahren, und ein Tiersitter kümmert sich um Ihre Lieblinge?
Hier können Sie alles aufschreiben, was die Urlaubsvertretung wissen sollte. So
sind die Kaninchen bestens versorgt, und Sie können die Ferien unbeschwert
und in vollen Zügen genießen!

Meine Kaninchen heißen:

So sehen Sie aus:

Das schmeckt ihnen:

täglich in dieser Menge:

einmal pro Woche in dieser Menge:

Leckerbissen für Zwischendurch:

Das trinken sie:

Die richtigen Fütterungszeiten:

Das Futter wird aufbewahrt:

Hausputz:

Das wird täglich gesäubert:

Wöchentlich reinigt man:

Diese Streicheleinheiten lieben sie:

Wie man sie toll beschäftigen kann:

Das mögen sie gar nicht:

Was meine Kaninchen nicht dürfen:

Das ist außerdem wichtig:

Das ist ihr Tierarzt:

Meine Urlaubsadresse und Telefonnummer:

REGISTER

Die **halbfett** gesetzten Seiten-
zahlen verweisen auf Abbildungen.

Die Inhalte dieses Buches beziehen sich auf die Bestimmungen des deutschen Tier- bzw. Artenschutzes. In anderen Ländern können die Angaben abweichend sein. Erkundigen Sie sich daher im Zweifelsfall bei Ihrem Zoofachhändler oder bei der entsprechenden Behörde.

VERBÄNDE UND VEREINE

Zentralverband Deutscher Rassekaninchenzüchter e. V. (ZDRK), Peter Mickmann, Mittelfeldweg 19b, 27607 Langen, www.deutsche-rasse-kaninchenzüchter.de

Bundesarbeitsgruppe Kleinsäuger e. V., Binzer Str. 11, 04207 Leipzig (nur Fragen zur Haltung möglich!), www.bag-kleinsaeuger.de

Rassezuchtverband Österreichischer Kleintierzüchter (RÖK), Mollgasse 11–13, A-1180 Wien, www.kleintier-zucht-roek.at

Rassekaninchen Schweiz, Armin Wyss, Sonnenau 125a, CH-9108 Gonten, www.kleintiere-schweiz.ch

Deutscher Tierschutzbund e. V., Baumschulallee 15, 53115 Bonn, Tel. 02 28-60 49 60, Fax 02 28- 6 04 96 40, www.tierschutzbund.de

Tierärztliche Vereinigung für Tierschutz e. V. (TVT), Geschäftsstelle: Bramscher Allee 5, 49565 Bramsche, www.tierschutz-tvt.de

Österreichischer Tierschutzverein, Kohlgasse 16, A-1050 Wien, Tel. 00 43-1-8 97 33 46, www.tierschutzverein.at

Schweizer Tierschutz (STS), Dornacherstr. 101, CH-4008 Basel, Beratung unter Telefon 00 41-6-13 65 99 99, www.tierschutz.com

Hier finden Sie Tierärzte in Ihrer Nähe

Bundesverband praktizierender Tierärzte e. V. (BPT), Online-Tierärzteverzeichnis unter www.smile-tierliebe.de

Gesellschaft für ganzheitliche Tiermedizin e. V. (GGTM), Gartenstr. 7, 79189 Bad Krozingen, www.ggtm.de *Die GGTM vermittelt Tierärzte, die auf der Basis von Naturheilverfahren arbeiten.*

Bundesverband für fachgerechten Natur- und Artenschutz e. V. (BNA), Ostendstr. 4, 76707 Hambrücken, www.bna-ev.de

Naturschutzbund Deutschland e. V. (NABU), Charité-str. 3, 10117 Berlin, www.NABU.de, E-Mail: NABU@NABU.de

Fragen zur Haltung beantworten

Ihr Zoofachhändler und der **Zentralverband Zoologischer Fachbetriebe Deutschlands e. V. (ZZF),** Tel. 06 11-44 75 53 32, Mo 12–16 Uhr, Do 8–12 Uhr (nur telefonische Auskunft), www.zzf.de

Informationen über Giftpflanzen

www.giftpflanzen.ch
www.botanikus.de

Adressen im Internet

Wissenswerte Infos und Tipps zu Anschaffung, Haltung, Ernährung etc.
www.sweetrabbits.de
www.tierheilpraxis-roggemann.de
www.kaninchen-infos.de, inkl. Liste giftiger Pflanzen
www.kaninchen-online.de
www.kaninchenschutz.de
www.kaninchenhilfe.de
www.nagerstation-gruene-arche.de, auch Vermittlung von Tieren
www.rabbit.org englische Website

Anregungen und Tipps zum Gehegebau
www.nagerstation.ch
www.forum.kaninchen-at-home.com
www.kaninchengehege.de

ZEITSCHRIFTEN

Kaninchenzeitung *Fachmagazin.* Hobby- und Kleintierzüchter Verlagsgesellschaft mbH & Co. KG, Berlin, www.kaninchenzeitung.de

Rodentia *Fachmagazin über Kleinsäuger.* Natur und Tier Verlag GmbH, Münster, www.ms-verlag.de

Ein Herz für Tiere *Tierzeitschaft.* Gong Verlag, Ismaning, www.herz-fuer-tiere.de

BÜCHER, DIE WEITERHELFEN

Morgenegg, R.: *Artgerechte Haltung – ein Grundrecht auch für (Zwerg-)Kaninchen.* Kaufmann Verlag, Lahr

Scholz, H.-P.: *Kaninchen-Kompass. Rassekaninchen auf einen Blick.* Oertel + Spörer Verlag, Reutlingen

Wegler, M.: *Kaninchen im Außengehege.* Gräfe und Unzer Verlag, München

Wegler, M.: *Mein Zwergkaninchen.* Gräfe und Unzer Verlag, München

Winkelmann, J.: *Kaninchenkrankheiten.* Ulmer Verlag, Stuttgart

DIE FOTOS

Die Abbildungen auf Umschlag, Klappen und im Innenteil ohne eigene Bildunterschrift zeigen folgende Kaninchen-Rassen:
Blauer Wiener: 94, 114; Burgunder: 2, 14, 62, 108, U1 (Cover), U8, U3-3, U4-3; Castor Rex: 25, 76; Dalmatiner Rex: U5-2; Deutscher Riese: U3-1; Kleinsilber gelb: 4, 75-1, 75-2, 75-3, 117; Marburger Feh: 114, 125-1, 125-2, 125-3; Mischlinge: 6, 10, 93, 126, 131, U3-2, U4-1, U4-2, U4-4, U5-1, U6-1, U6-2; Roter Neuseeländer: 11, 57, 70, 94, 32; Russe: 99, 103; Schecke-Mischling: 2-2, 5, 44; Schwarzgrannen: 110; Widdermischling: U2-1, U2-2.

Wichtige Hinweise

Vor der Anschaffung von Kaninchen sollten Sie und Ihre Familie sich unbedingt auf eine Tierhaarallergie testen lassen. Im Umgang mit den Tieren kann es in seltenen Fällen durch Bisse und Kratzen zu Verletzungen kommen, die vom Arzt behandelt werden sollten. Um lebensgefährliche Stromunfälle zu vermeiden, dürfen beim Zimmerfreilauf der Kaninchen keine elektrischen Leitungen offen liegen, die benagt werden könnten.

DANK

Autorin und Verlag danken der Tierärztin Marlen Stephani für die gleichbleibend gute und gewissenhafte Betreuung der Tiere auf dem Anwesen von Familie Schmidt. Ein großes Dankeschön gebührt dem Züchter Steffen Specht und dem gesamten Kleintierzuchtverein Berka/Werra für das außerordentliche Engagement. Esther Schmidts besonderer Dank gilt darüber hinaus ihrer ganzen Familie, die ihr zu jeder Zeit mit Rat und Tat zur Seite stand.

Fotografin und Verlag danken Camilla Kruidbos, Saasveld; Christian, Mario und Martin Schmidt, Nesselröden; Dieko China Handel GmbH, www.strohteppich.de; Jenny, Tobias und Viola Welters, Herleshausen; Sally und Lilli Matern, Hochdorf; Tristan Heidel, Berka/Werra für ihre wertvolle Unterstützung.

Freude am Tier

GU Mein Heimtier – da steckt mehr drin

ISBN 978-3-8338-0060-3
144 Seiten, mit Poster

ISBN 978-3-8338-1174-6
144 Seiten, mit Poster

Preis je Band: 12,90 € [D]

ISBN 978-3-8338-0153-2
144 Seiten, mit Poster

ISBN 978-3-7742-8834-8
144 Seiten, mit Poster

Das macht sie so besonders:

Praxiswissen vom Experten – bestens informiert

Aktivtest Mein Heimtier – lernen Sie Ihr Tier verstehen

Info-Poster – liebevolle Gedächtnisstütze

Willkommen im Leben.

Die Autorin

Esther Schmidt ist eine erfahrene und engagierte Hobbyzüchterin von Kaninchen, Meerschweinchen und anderen Kleintieren. Ihren Einstieg fand sie über die Nutztierhaltung, wobei auch hier immer schon der Anspruch auf eine artgerechte Haltung bestand. Vor einigen Jahren entstand innerhalb der Familie das Konzept, das riesige Grundstück von mehr als 1000 m^2 für die Freilandhaltung der Kaninchen zu nutzen. Dieses »Wildlife« offenbarte das wahre Naturell der Tiere und faszinierte Esther Schmidt und ihre Familie derart, dass der Nutztiergedanke schnell in den Hintergrund rückte. Trotz dieser naturnahen Haltung ist es Esther Schmidt gelungen, den engen Kontakt und die Vertrautheit mit ihren Tieren zu bewahren.

Die Fotografin

Regina Kuhn ist freie Fotodesignerin und arbeitet seit vielen Jahren als Bildautorin im Bereich der Heimtierfotografie. Ihre Tierbilder erscheinen in vielen renommierten Buchverlagen und Zeitschriften. Daneben betreut sie auch Kalender und Werbeproduktionen.
Alle Fotos in diesem Buch stammen von Regina Kuhn, mit Ausnahme von:
F1-online: Seite 7 und 9-2.

Leitende Redaktion:
Anita Zellner
Redaktion:
Nadja Harzdorf
Lektorat:
Gerd Ludwig
Bildredaktion:
Adriane Andreas, Alexandra Dimitrijevic (Cover)
Umschlaggestaltung:
independent Medien-Design
Innenlayout: independent Medien-Design
Satz: Christopher Hammond, München
Herstellung:
Susanne Mühldorfer
Repro: Longo AG, Bozen
Druck und Bindung:
Druckhaus Kaufmann, Lahr

ISBN 978-3-8338-1207-1

1. Auflage 2009

GRÄFE
UND
UNZER

Ein Unternehmen der
GANSKE VERLAGSGRUPPE

DAS ORIGINAL · MIT GARANTIE
GU

Unsere Garantie

Alle Informationen in diesem Ratgeber sind sorgfältig und gewissenhaft geprüft. Sollte dennoch einmal ein Fehler enthalten sein, schicken Sie uns das Buch mit dem entsprechenden Hinweis an unseren Leserservice zurück. Wir tauschen Ihnen den GU-Ratgeber gegen einen anderen zum gleichen oder ähnlichen Thema um.

Liebe Leserin und lieber Leser,

wir freuen uns, dass Sie sich für ein GU-Buch entschieden haben. Mit Ihrem Kauf setzen Sie auf die Qualität, Kompetenz und Aktualität unserer Ratgeber. Dafür sagen wir Danke! Wir wollen als führender Ratgeberverlag noch besser werden. Daher ist uns Ihre Meinung wichtig. Bitte senden Sie uns Ihre Anregungen, Ihre Kritik oder Ihr Lob zu unseren Büchern. Haben Sie Fragen oder benötigen Sie weiteren Rat zum Thema? Wir freuen uns auf Ihre Nachricht!

Wir sind für Sie da!
Montag –Donnerstag:
8.00 –18.00 Uhr;
Freitag: 8.00 –16.00 Uhr
Tel.: 0180 - 5 00 50 54* *(0,14 €/Min. aus
Fax: 0180 - 5 01 20 54* dem dt. Festnetz/
E-Mail: Mobilfunkpreise
können abweichen.)
leserservice@graefe-und-unzer.de

P.S.: Wollen Sie noch mehr Aktuelles von GU wissen, dann abonnieren Sie doch unseren kostenlosen GU-Online-Newsletter und/oder unsere kostenlosen Kundenmagazine.

GRÄFE UND UNZER VERLAG
Leserservice
Postfach 86 03 13
81630 München